별별 생물들의
희한한 사생활

별별
생물들의
희한한
사생활

권오길 지음

을유문화사

별별 생물들의 희한한 사생활

발행일
2017년 6월 15일 초판 1쇄
2020년 4월 10일 초판 3쇄

지은이 | 권오길
펴낸이 | 정무영
펴낸곳 | (주)을유문화사

창립일 | 1945년 12월 1일
주소 | 서울시 마포구 서교동 469-48
전화 | 02-733-8153
팩스 | 02-732-9154
홈페이지 | www.eulyoo.co.kr
ISBN 978-89-324-7355-0 03400

차례

| 2부 | 시끌벅적 활기차게 살아가는 이웃들 |

(3부) 우리에게 도움을 주는 고마운 기부자들

4부 아름답고 화려한 미의 전령사들

들어가는 글

　미리 말하지만 본서는 『권오길의 괴짜 생물 이야기』와 『권오길이 찾은 발칙한 생물들』에 이어 을유문화사에서 세 번째로 출간하는 작품이다. 쉰 꼭지 남짓한 이 글들은 죄다 2009년 4월부터 9년째 「교수신문」에 격주로 연재된 것들 중에서 가려 모은 것이다. 한마디로 「교수신문」의 글은 을유문화사 차지요, 「교수신문」 말고도 다른 신문이나 월간지의 글들도 이렇게 모여 각각 책이 된다.

　나는 "무릇 창조는 선입관의 타파에서 비롯한다"는 말을 즐겨쓴다. 「교수신문」에 난 글이라 어렵겠지, 라는 선입관을 갖지 말길 바란다. 교수들 중에 생물학을 전공한 분이 몇 안 되기에 그분들은 마음에서 빼 버리고 글을 썼으니 말이다. 글은 누가 뭐라 해도 쉽고, 재미나야 한다는 것을 잘 알기에 가능한 술술 가볍게 읽을 수 있도록 쓰려 했다. 독자들께 "원숭이도 읽을 수 있는 글을 쓰겠다"고 약속한 일을 잊지 않는다. 그러나 어려운 글이면 꼭꼭

되씹어 음미할 수 있어 좋을 터인데…….

미친 사람에겐 약도 없다고 하던가. 그렇다. 미치지 않고 이뤄지는 것은 없다. 세상 모든 것이 미침의 산물인 것. 지금까지 50권이 넘는 책을 썼으니 나 또한 미친놈이렷다? '일흔은 귀신도 눈에 보이는 나이'라 하는데 그보다 근 열 살이나 많은 이 나이에도 글을 쓰고 있으니 말이다.

사실 읽고 쓰는 것이 그리 쉽지는 않다. 눈만 뜨면 그 짓을 해야 하기에. 또 쓰기보다는 읽기가 열 배는 많은 것이 글쟁이들의 일상이니 말이다. 두 눈알 모두 백내장 수술에 한쪽은 녹내장으로 눈이 슬슬 갈뿐더러 치아도 열두 개나 심을 정도로 몸이 못 배긴다. 그러나 '곰 가재 잡듯' 자료를 뒤지면서 여태 몰랐던, 새로운 지식을 배우는 앎의 재미는 어느 것과도 바꿀 수 없다. 또한 늘 글쓰기를 놀이로 여기면서 거기에 매달려 노후 시간을 알뜰살뜰히 쓴다 생각하니 그 또한 기쁘고 즐겁다. 아무튼 배움은 영원히 해야 할 일이다.

일종의 사명감이 나를 이렇게 강하고 독하게 만든다. 한살이가 얼마 남지 않았으니 평생 모은 생물학 지식을 서둘러 조금이라도 더 쏟아 놓고 가야 한다는 의무감이 발동하는 것이다. 어떤 이는 나를 '생물 수필가bio-essayist', 또 어떤 사람은 '제1세대 과학 전도사'라 불러 주니 과분할 따름이다. 그 말에 걸맞게 죽을 때까지 줄기차게 쓰고 또 쓸 것이다. 사람은 죽어도 글은 남는다!

"서툰 목수는 연장을 탓하지만 명필은 붓을 가리지 않는다"고 한다. 능서불택필能書不擇筆이란 말로, 그랬으면 얼마나 좋을까만 그렇지 못해 많이 부대낀다. 죽기 살기로 머리를 짜서 펼쳐 놓고 보면 씨도 안 먹히는 생경한 문장에다 맛깔스럽지 못한 것이 영 마음에 차지 않는다. 그러나 내 능력껏 최선을 다했으니……. 또 내가 죽어도 손자·손녀, 후세들이 읽어 주겠지 하는 마음에 스스로 위로한다.

사설私說은 이 정도로 하고, 이번 책은 앞의 둘보다 퍽 색다르다. 재빨리 변화하는 도약진화跳躍進化라고나 할까. 이 책에는 여태 필자의 책들에 없었던 첫 시도를 하였으니 꼭지마다 글의 내용을 상징하는 원색 사진을 넣은 점이다. 이 이상 더 멋지고 나은 책을 만들 수 없을 만큼 성의를 다한 책이다. 사진들은 글을 이해하는 데 도움을 줄 뿐만 아니라 상상력을 북돋아 줄 것이다. 을유문화사 편집부 여러분에게 고마움을 표하는 바이다.

1부

물속에서
살아가는
별별
친구들

발칙하고 민망스러운 해양 동물

개불

개불*Urechis unicinctus*은 의충동물문^{螠蟲動物門}, 개불목, 개불과의 해산 무척추동물이다. 한때 분류상으로 긴가민가하고 아리송하여, 어정쩡하게 환형동물로 취급했으나 그들에 비해 센털(강모^{剛毛})이 적고, 몸마디(체절^{體節})가 없이 원통꼴이라 별도의 작은 문^{phylum}을 만들어 따로 독립시켰다. 여기 의충동물의 '의^螠'는 개불이란 뜻이다.

횟집에 가면 좀 거시기한, 통통하고 길쭉한 살색의 동물을 수조나 큰 함지에서 볼 수 있다. 생김새가 '개 불알(음낭^{陰囊})' 같다 하여 우스꽝스럽게도 '개불'이라 부른다. 개불 자체는 개 고환^{睾丸}처럼 생기지도 않았는데 말이지. 점잖은 조상들께서 발칙하고 민망스러워 남근^{男根}이라 떳떳하게 못 부르고 익살맞게 개의 불알에 빗대어 이름을 붙였던 것이다.

사실 얼핏 보면 큼직한 갯지렁이인지, 동물의 창자인지 긴가민가하다. 중국에서는 동물 내장 같다 하여 하이장海腸이라 부르고, 서양 사람들은 '남근 물고기penis fish'라고 보이는 그대로 쓴다. 그리고 입이 납작한 것이 앞으로 불쑥 튀어나와 설핏 숟가락을 닮았다 하여 '숟가락 벌레spoon worm'라 한다. 손으로 어루만지면 화들짝 놀라 팽팽하게 부풀면서 단단해지고, 물 밖으로 건져 올릴라치면 마치 어린애가 오줌 싸듯 찍하고 물을 쏟는다. 그럴 때는 소스라치게 놀랄 정도로 음경陰莖과 흡사하다.

개불은 우리나라 중부 이남과 일본, 중국 연해에 서식한다. 그래서 유독 한국·일본·중국 3국에서 개불을 회로 먹는다. 외국 문헌엔 개불하면 한국을 대표로 쳐서 어시장의 개불 사진, 회 접시에 오른 횟감 사진도 모두 한국 것을 인용하였다. 먹성 하나는 중국 사람들에게도 지지 않는 알아주는 배달민족이니까.

또 정력에 좋다면 큰 코 다치는 줄도 모르고 닥치는 대로 먹는 우리들이 아닌가. 남성 성기를 닮은 모양새 탓에 예로부터 더없이 즐겨 먹었다. 도통 시시껄렁한 시뻘건 거짓말인 줄도 모르고. 우리나라에서는 잘게 토막 내어 참기름 소금장에 찍어 먹고, 말려서 요리 재료로도 쓴다. 일본에서도 우리만은 못 하지만 퍽이나 회로 즐기는 편이고, 중국에서는 채소와 함께 볶아 먹거나 삶아 말려서 가루를 내어 맛을 내는 조미료로 쓴다. 중국 산둥 성 지방의 개불 요리는 이름났다고 한다.

© Ryan Bodenstein

개불

　개불은 행동이 아주 둔한 것이, 꿈틀꿈틀 몸을 늘렸다 줄였다 하기에 크기가 그때그때 달라지지만 보통 체장 10~15센티미터, 굵기 2~4센티미터 남짓이다. 겉 피부에 젖꼭지를 닮은 자잘한 돌기가 많이 나고, 항문 근처를 9~13개의 뻣뻣한 털이 에워싼다. 몸 빛깔은 살색이거나 붉은빛이 도는 검정색이고, 내장은 꼬불꼬불 배배 감겨 있다.

　또한 개불은 암수딴몸(자웅이체)으로 체외수정을 한다. 산란은 수온이 내려가는 12월과 수온이 올라가는 3, 4월에 일어난다. 또 수정란은 발생 중에 갯지렁이 유생과 닮은, 둥글면서 몇 줄의 섬모 띠가 몸을 둘러싼 담륜자膽輪子, trochophora 유생 시기를 거친다. 그래서 환형동물과 의충동물은 조상이 같은 것으로 여긴다.

　개불은 물이 번갈아 들고 나는 조간대潮間帶에서부터 수심 100미터 바다 밑에 끝이 입과 항문인 U자형의 구멍을 파고 산다. 보통 우리가 잡아먹는 개불은 밀물 때는 바닷물에 잠겼다가 썰물 때는 드러나는 모래진흙이 섞인 사니질砂泥質 속에 구멍을 파고 살던 것들이다.

개불은 체액體液에 헤모글로빈hemoglobin이 들었기에 몸 빛깔이 살색이고, 요리하느라 도마질하면 선홍색의 피를 흘린다. 또한 개불은 눈이 없고 특별한 감각기관도 없는 하등한 동물 축에 든다. 또 대부분 숟가락 모양의 주둥이를 쭉 뽑아 흙을 파지만 물에 떠있는 부유물이 떨어진 것을 받아먹기도 한다. 개불은 겨울(11월부터 2월)이 제철이다. 이때면 근해의 개펄에서 개불 잡이를 한다. 개펄을 내려다볼라치면 두 개의 구멍이 표면보다 좀 높게 봉긋 솟은 곳이 있으니 거기에 개불이 들어 있다. 삽으로 안간힘을 다해 파 들어가야 하지만 차고 넘치게 널려 있는 곳에선 쇠스랑 같은 것으로 개펄 바닥을 쓱쓱 긁어 잡는다.

요리할 때에는 입과 항문을 깔끔하게 잘라 버리니 주위에 가시가 있기 때문이며, 배를 따 내장도 송두리째 들어낸다. 닝큼닝큼 매매 씹으면 달짝지근한 감칠맛이 나고, 특유의 조직 때문에 씹히는 식감이 쫄깃쫄깃, 오돌오돌한 것이 오도독오도독 소리까지 난다.

신선한 것은 회로 먹고, 곱창 요리처럼 양념을 해서 석쇠에 알루미늄박(포일foil)을 씌우고 굽거나 볶기도 하는데 회와 비교하여 훨씬 부드럽다고 한다. 자주 먹으면 맛이 당겨 부지불식간에 인(조건반사 중추)이 박히니, 그렇게 자주 먹지 않은 필자도 군침이

보넬리아   © Sylvain Ledoyen

동하는 판국이다. 도미나 가자미의 미끼로 쓰기도 하는데, 이 또한 함부로 거덜 낸 탓에 졸지에 턱없이 딸려서 역시 중국산이 판을 친다. 중국이 없으면 온통 굶어 죽을 형편이다.

개불은 겨울철에 애주가들의 술안주로 인기다. 고혈압·천식·빈혈에 효과가 있다 하고, 혈전血栓을 용해하는 성분도 들었으며, 콩나물에 많다는 아스파라긴산이 풍부하여 알코올 대사를 촉진시켜 숙취 해소와 간장 보호에 좋단다.

개불과에는 개불 말고도 연두색으로 'green spoon worm'이라 부르는 보넬리아Bonellia viridis가 있다. 살갗엔 녹색의 독성 성분인 보넬린bonellin이라는 화학 물질이 있어서 다른 생물들의 유생이나 세균을 죽인다. 또 보넬리아의 유생이 이 물질에 닿으면 아주 작은 수놈으로 성전환을 일으키게 되고 그렇지 않으면 암컷이 된다. 그리고 암컷은 8센티미터인데 비해 꼬마 수컷은 1~3센티미터로 암컷의 자궁 속에 들어가 산다. 이렇게 암수가 아주 다른 형태인 것을 성적이형性的異形, sexual dimorphism이라 한다. 다시 말해서 성 결정이 염색체染色體가 아닌 보넬린 같은 화학물질에 따라 결정되는 특이한 현상을 보넬리아에서 볼 수 있다.

다랑어

참치(다랑어)는 맛이나 영양 면에서 다른 어종을 앞지르는 탓에 물고기 중에서 으뜸이라 하여 '진치', '참물고기'라 불러왔는데, 그 말들의 뜻을 함께 묶어 '참치'라고 부르게 되었다는 설이 맞는 듯하다. 그런데 참치라는 말은 그렇다 치고, 순우리말인 '다랑어'의 의미를 제대로 알지 못하니 답답할 뿐이다. 참치를 일본 사람들은 まぐろ(마구로), 서양인들은 'tuna'로 부른다.

참치는 고등엇과의 경골어류인 육식성 바닷물고기로 풍미風味가 있으며 비릿하지 않다. 학자에 따라 분류 체계가 퍽이나 다르지만 보통은 6속 15종으로 친다. 그중에서 열대성 다랑어에는 가다랑어·눈다랑어·황다랑어가, 온대성 다랑어에는 참다랑어·날

참다랑어

ⓒ Jo Langeneck

가다랑어

개다랑어 등이 있다. 그리고 다랑어 중에서 맛이 가장 좋기로는 참다랑어*Thunnus thynnus*를 친다. 참다랑어bluefin tuna는 우리나라·일본·미국·멕시코 해역에 분포하는 태평양 참다랑어, 대서양 참다랑어, 남방 참다랑어가 있고, 전체 다랑어 어획량 중 0.75퍼센트 정도라 워낙 귀하고 비싸다. 또 총중에 큰 편으로 태평양의 것은 체장 3미터, 체중 560킬로그램에 달한다고 한다. 필자의 몸무게를 70킬로그램으로 쳐도 얼마나 큰 놈인지 짐작이 간다.

다랑어 종류에 따라 다 조금씩 다르지만 일반적으로 뚱뚱한 것이 방추형(원기둥)이고, 머리는 원추형(원뿔)이다. 긴 주둥이 끝이 뾰족하고 입이 크며, 큰 머리에 비해 눈은 작은 편이다. 우글우글 무리 지어 망망대해를 표표히 떠다니는 습성이 있고, 군더더기 하나 없이 매끈한 유선형으로 속도를 내기에 알맞으며, 두 갈래의 꼬리지느러미는 커다란 것이 초승달 꼴을 하고, 그놈을 마구 흔들어 급물살을 내면서 내달리는데 황다랑어yellowfin tuna는 무려 시속 80킬로미터나 된다.

몸의 등 쪽 바탕은 짙은 청색이고, 중앙과 배는 은회색이며, 측선lateral line과 머리 뒤 몸통을 제외하고는 비늘이 없다. 등지느러미는 둘이며 제2 등지느러미와 꼬리지느러미 사이에는 7~10개의 자잘한 지느러미finlet가 나고, 꼬리지느러미가 달라붙는 꼬리자루(미병尾柄)는 똑 부러질 듯 아주 가늘다. 또한 물고기·갑각류·오징어·날치·고등어·멸치·어린 상어 따위를 잡아먹으며, 대신 이빨고래가 다랑어의 주된 천적이다.

백상아리와 다랑어 등 일부 물고기의 몸에는 온혈溫血이 돈다. 그렇다고 조류나 포유류 같은 온혈동물이란 뜻은 아니다. 어쨌거나 다랑어의 체온이 수온보다 훨씬 높아 수온이 6도인데도 몸속 온도는 아예 33도까지 올라간다. 이렇게 몸이 더운 탓에 빠른 유영 속도를 낼 수 있어 열대·온대·한대 바다까지 돌아치며, 또 표층表層에서 제법 깊은 심해深海까지 먹이 사냥터를 넓힐 수 있다.

그리고 다른 물고기 속살은 죄다 희지만 다랑어 근육은 분홍 또는 검붉은 빛깔을 띤다. 살이 붉은 것은 적혈구의 헤모글로빈 탓이기도 하지만 소, 돼지의 살코기가 붉은 것처럼 산소를 헤모글로빈보다 더 잘 결합하는 미오글로빈myoglobin 색소 때문이다.

빛이 셀수록 그림자가 짙은 법이다. 다랑어는 물론이고 대부분의 바닷물고기들의 등은 검푸르고, 배 부분은 은빛 흰색이다. 이렇게 햇빛에 노출되는 등짝은 어둡고 그늘진 곳은 밝은색인 것은 몸을 위장하기 위한 전략이다. 물고기를 위에서 내려다보면 등과 바다 밑의 어두운색이 섞여 잘 보이지 않고, 물 밑에서 위로 보면 배의 밝은색과 환한 하늘색의 혼합 때문에 눈에 잘 띄지 않는다. 이런 현상을 방어피음防禦被陰, countershading이라 하고, 이 원리를 처음 연구해서 발표한 화가畵家 테이어Thayer의 이름을 따 테이어의 법칙Thayer's law이라고 한다. 이렇게 날짐승이나 길짐승들이 아래위 등과 배가 흑백 배색인 까닭이 여기에 있다.

다랑어는 '바다의 닭고기sea chicken'라 불리며, 기름기가 많아지는 12~2월에 가장 맛이 난다. 참치는 고단백질이면서 저지방, 저

칼로리 어종으로 DHA·EPA·셀레늄 등을 함유하여 성인병을 예방하는 건강식품으로 각광을 받고 있다. 게다가 고등어처럼 고등엇과의 '등 푸른 물고기'이므로 오메가-3 지방산^{omega-3 fatty acids}이 많지 않을 수 없다.

한데 다랑어는 더 없이 좋은 물고기이지만 수은水銀, mercury 같은 중금속이 많다는 것이 탈이요, 흠이다. 먹이사슬에서 정점 포식자 apex predator인지라 중금속이 농축되어 있어서, 특히 임신부나 산모, 유아들은 고기를 많이, 자주 먹지 않는 것이 좋다. 특히 맛있다는 뱃살 지방에 더 많은 수은이 들었다고 한다.

다랑어는 바다에서 잡자마자 으레 머리와 내장을 없앤 뒤 영하 60도 이하의 저온에 냉동 보관한다. 다랑어는 횟감으로 인기가 높고, 부위에 따라 값이 천차만별이다. 참치 뱃살은 등살에 비해 줄잡아 50배가 넘게 지방이 들어 있는데 최고급으로 치는 하얀 뱃살에서부터 속살·옆구리·등·갈비·목·머리·꼬리 살이 부위별로 색깔과 맛, 식감이 다 다르다.

다랑어는 회 말고도 초밥·굽기·건조·염장·훈제로 먹고, 주로 가다랑어^{Katsuwonus pelamis}로 만든 통조림은 그대로 또는 샐러드나 김치찌개로 먹는다. 다랑어의 고상하고 특유한 감칠맛은 핵산 조미료의 구성 성분인 이노신산^{inosinic acid}이 많기 때문이다. 어허, 살 한 점을 토막 김에 싸 소금 참기름에 쓱 찍어 먹는 생각을 하니 군침이 한입 도는 것이…….

일본 사람들이 최고로 다랑어 먹기를 좋아하는 통에 세상 다랑어 씨를 말린다. 그래서 외려 사육 연구도 가장 깊게, 많이 한다. 노르웨이 연어가 그렇듯이 다랑어를 바다 밑 400미터에서 가두리 양식을 한다는데 우리도 제주 남해에서 시도하고 있다고 들었다. 아무튼 물고기들도 바다 텃밭에서 키워 먹는 세상이 되었다.

바다의 고슴도치

성게

바다는 누구나 동경하는 마음의 고
향이다. 여름 바다는 사람들이 득실거려 좋고, 겨울 바다는 고즈
넉해서 더 좋다. 길동무 하나 없이 홀로 바다 나그네가 되어 탁 트
인 수평선을 바라보고 있노라면 어느새 응어리진 울화가 싹 삭아
버린다. 무엇보다 바다는 마음의 창을 활짝 열어 줘서 좋다. 사람
도 환경의 동물이라 열린 바닷가 사람들은 꽤나 개방적이고 진취
적이라면 첩첩 산으로 에둘린 산골 사람들은 제법 폐쇄적이고 보
수적인 편이다. 필자도 순 촌뜨기라 후자로 살아왔다 하겠다.

동해안 해변을 돌다 보면 횟집을 들르기 십상이다. 그런데 횟
집 중에는 생선회 접시에다 삐죽삐죽 가시가 난 밤송이 닮은 것
을 푸지게 올려놓는 곳도 있다. 놀랍게도 밤송이 닮은 이놈은 반

보라성게

동강이가 났는데도 길쭉하고 뾰족한 바늘 가시들이 흉물스럽게 마구 꾸물거린다. 쪼개진 자리에는 탐스럽고 샛노란 살점이 가득 들어 있다. 이것이 다름 아닌 성게요, 속의 것은 바로 맛 좋은 성게 알이렷다.

겨울 채집을 다니다 보면, 남동 해안이나 제주도의 거친 해풍이 매섭게 몰아치는 바닷가에서 하나같이 검게 탄 고붓한 허리의 아낙들을 번번이 만난다. 아낙들은 두꺼운 고무장갑을 끼었지만 날카로운 가시에 늘 손 조심을 한다. 잡아 온 성게를 무더기로 그러모아 놓고, 송이송이 부르쥐고 단칼에 두 토막을 낸다. 실팍진 노란 생식소生殖巢(난소와 정소를 모아 부르는 말)를 착착, 콕콕 찍어 몽땅 들어내 통에 모우고 있으니 그 손놀림이 무척 놀랍다. 그 힘든 일로 잔뼈가 굵은 사람들이라 재빠른 솜씨가 자동적이고 기계적이다. 날이면 날마다 부르튼 입술을 사리물고 얼마나 억척스럽게 성게를 잡았기에…… 가엾고 애틋하기만 하다.

성게sea urchin는 성게과의 극피동물棘皮動物(겉껍질에 가시가 난 동물)로 조수 웅덩이나 간조선干潮線(썰물 때의 바다와 육지의 경계선) 바로 아래 바다에서 많이 채집된다. 전 세계에 950여 종 넘게 서식하며, 세계 방방곳곳의 바다 연안에서부터 수천 미터 깊은 곳에도 산다. 한국에서는 보라성게_Strongylocentrotus purpuratus_, 둥근성게_S. nudus_, 말똥성게_Hemicentrotus pulcherrimus_ 등 30여 종이 산다.

보통은 성게 중에서도 보라성게_Purple sea urchin_를 대표로 친다. 보라성게는 우리나라 모든 연안에 분포하며, 수심 5미터 전후의 수중 암초에서 둥근성게_Globular sea urchin_와 함께 발견된다. 큰 것은 껍데기 지름이 6센티미터, 높이가 3센티미터 남짓이다. 가시는 껍데기에 바특하고, 단단히 박힌 것이 세고 크며, 끝이 뾰족하고, 길이가 껍데기 지름과 거의 맞먹는다. 빛깔은 껍데기와 가시 모두 진보라색이고, 세계적으로 태평양 전 연안에 살며, 놀랍게도 수명이 70년 남짓하다는 기록이 있다.

그리고 성게를 향어鄕語(본고장의 말)로 '섬게' 또는 '밤송이 조개(율구합栗毬蛤)'라고 하는데, 말 그대로 모양이 둥그스름한 것이 밤송이를 빼닮았다. 또 해위海蝟(바다의 고슴도치)로 불렸으니 영어의 'sea urchin' 역시 '바다의 고슴도치'란 의미로, 둘 다 아주 비슷하게 가시를 가졌으니 매우 좋은 비유라 하겠다.

성게는 가시가 송송 나고, 가시 사이의 보대步帶에는 5~8개의 관족管足 구멍이 활 모양으로 줄지어 있다. 가시와 관족을 모두 써서 느리게 움직이고, 길이가 성게 지름과 거의 같으며, 그것에 찔리면 따끔한 것이 무지 아프고 쓰리다. 식성은 종류에 따라 조금씩 다르지만 대체로 바다풀을 먹는데, 최근에는 개체 수가 매양 늘어나 해양 생태계를 황폐화(백화현상)시키는 주범, 애물단지로

연잎성게

ⓒ siuman

몰리고 있다.

몸통 아래에 입이 있고, 위쪽에 항문이 있으며, 해부를 했을 때 석회질의 억센 저작기咀嚼器인 '아리스토텔레스의 초롱Aristoteles's lantern'이라 부르는 것이 입가에 있다. 탄산칼슘이 주성분인 아리스토텔레스의 초롱은 서기전 350년경에 아리스토텔레스가 쓴 책 『동물의 역사History of Animals』에 기술되어 있다고 한다. 그러나 아리스토텔레스의 초롱은 잘못된 변역일 것이고, 실은 그 시대의 초롱을 닮은 성게 그 자체를 뜻했을 것으로 본다. 철학자 아리스토텔레스를 우리는 '생물학의 아버지'라 부른다.

보통 해조海藻나 해초海草를 뜯어먹지만 해삼·조개·갯지렁이· 해면·거미불가사리도 먹는다. 성게 천적은 해달·쥐치·돌돔·바닷가재·게·불가사리 등이다. 성게 가시 사이사이를 작은 새우가 헤집고 들어가 숨어 살고, 입 주위에는 꼬마 게와 고둥들이 잔뜩 기생한다. 성게 알은 인공수정이 쉬워 생물학에서 까다로운 초기 발생 연구 재료로 흔하게 쓰인다. 더군다나 알이 무척 투명하여 정자가 난자를 뚫고 들어가는 수정 관찰에 아주 좋아 자주 쓰는 실험 재료이다.

대개 우리가 먹는 것들은 보라성게, 둥근성게, 말똥성게의 생식소이다. 그 맛이 좀 비릿하면서도 꽤 고소하며 뒷맛이 개운하고, 달착지근한 맛에 독특한 향기가 난다. 성게는 암수딴몸으로 암컷의 난소는 황갈색, 수컷의 정소는 황백색으로 산란기는 5~6월이다. 주로 날것을 간장에 찍어 먹지만 젓갈을 담가 술안주나 초밥에 얹어 먹기도 하며, 미역과 함께 참기름으로 살짝 볶은 다음 국을 끓이거나 죽을 지어 먹기도 한다. 한자어로는 雲丹(운단), 일본말로 ウ二(우니)다. 일본 사람들이 죽고 못사는데 일식집에서 조만한 나무 판때기에 성게알젓을 코딱지만큼 내놓는다. 출출한 탓일까, 이 글을 쓰면서 군침이 한입 돈다.

또 따끈한 밥에 알젓을 얹어 비벼 먹으면 입안에서 살살 녹아내리고, 입안 가득 바다 향이 넘친다. 아무튼 성게 알이나 알젓의 그 은은한 풍미엔 좀녀(해녀)들의 가쁜 숨비소리(물질 마친 해녀들이 물 밖으로 올라와 내쉬는 휘파람 숨소리)가 묻어 있다.

공중을 나는 물고기

날치

'공중을 나는 물고기' 날치는 날칫과
에 속하는 바닷물고기로 따뜻한 바다에 살고, 가슴지느러미가 새
날개처럼 큼직하여 위험하다 싶으면 불쑥 물 위로 튀어나와 날아
가기에 비어飛魚, flying fish라 한다.

날치를 처음 만난 것은 까마득한 옛날, 대학 2학년 여름방학
때, 2학점이 걸린 '해양 생물학 실습'을 하느라 남해안을 갔을 적
이다. 그때 우리는 여수 수산고등학교 강당에 진을 쳤다. 촌놈이
난생처음으로 넓디넓은 바다를 보고 놀라 자빠졌던 기억이 새록
새록 떠오른다. 깊은 바다에서 잡아 올린 심해어가 기압을 못 이
겨 부레 내장이 터져 버리는 그런 느낌이랄까!

현미경과 실험 도구들을 챙겨 여수행 밤 열차를 타고 밤새도록

내쳐 달려갔었다. 들뜬 설렘에 희희낙락했던 그 시절이 어제만 같은데 속절없이 팔십 줄 늙정이 신세가 될 줄을 누가 알았겠는가. 세월이 하 무상하다. 아무튼 요새는 흔하디 흔한 생석회生石灰 한 봉지면 둘러쓸 것을 가지고 교실마다 돌아치며 백묵 가루를 쓸어서 모았고, 비닐도 없을 때라 신문지로 겹겹이 그것을 둘둘 말아 노끈으로 꽁꽁 맸었다.

첫 시간으로 기억난다. 선배 조교 선생님이 시키는 대로 백묵 가루를 한 옴큼씩 움켜쥐고 바닷가에 양탄자처럼 지천으로 깔린 해면海綿, sponge에 흩뿌려 놓고 진득하게 기다린다. 아뿔싸, 얼마 지나지 않아 둘러쓴 흰 가루가 금세 감쪽같이 사라지고 말았으니 갯솜이 후딱후딱 죄 빨아 먹어 버린 탓이다. 저쪽 언덕바지에서 팔깍지를 끼고 지켜보시던 최기철 선생님이 환히 웃으신다! 제자들이 해면이 하는 짓을 보고, 놀라 날뛰는 모습에 마냥 흐뭇하셨던 것이다. 하긴 가르치는 재미가 다 그런 데 있지!

둘째 날은 굴(석화石花, oyster)의 발생 실험을 했다. 바윗돌의 굴을 따 와 껍데기를 열고 배 중간쯤을 핀셋으로 푹 찔러 주르르 흐르는 체액을 받침유리slide glass에 받아 문질러 본다. 우유처럼 맑게 퍼지면 수놈 정자이고, 자잘한 알갱이들이 생기면 암놈 난자다. 둘을 바닷물로 채운 비커에 섞어 두었더니만 어느 새 굴 유생들이 맨눈으로 보아도 뿌연 먼지처럼 마구 휘젓고 다닌다. 새 생명의 탄생이 얼마나 경이롭고 신비스러운지 모른다.

다음 날은 잔잔한 바다로 나가 통통배를 타고 플랑크톤을 채집

날치

했다. 알싸한 바다 냄새를 맡으며 한갓지게 한참을 달리는데 별안간 모두 우두망찰하여 정신들이 반나마 나갔다. 하늘 높이 번뜩이는 물고기들이 뱃머리에서 고물(선미船尾) 쪽으로 휙휙 날아간다. 넘실대는 바다 위에서 물고기가 하늘로 나닐고 있는데 어느 누군들 아니 놀랄 수 있겠

는가. 뱃사공은 학생들이 놀라워하는 모습을 보고 우리 선생님처럼 싱긋벙긋거린다. 그때 본 물고기가 바로 날치렷다.

일명 '날치어', '날치고기'로 불리는 날치*Prognichthys agoo*는 길이 30~40센티미터가량에 가늘고 길며, 양옆으로 눌려 약간 납작하다. 부연하면 유선형流線型인 길쭉한 원기둥꼴(방추형紡錘形)로 주둥이는 짧고, 잔 이빨이 잔뜩 나 있으며 눈은 꽤 큰 편이다. 새 날개같은 아주 큰 가슴지느러미에다 배지느러미·등지느러미·꼬리지느러미도 크고 우뚝우뚝 선다. 등 푸른 물고기인 청어처럼 등은 어두운 청색이고, 배는 희며, 무리 지어 사는 소형 어류다. 날치는

소형 갑각류나 동물성 플랑크톤을 잡아먹고, 상어·돌고래·다랑어·물새·문어 따위에 잡아먹힌다.

날치는 그리 깊지 않은 근해의 표층에서 수심 30미터 사이에 지낸다. 전 세계에 64여 종이 있고, 열대·온대 해양에 걸쳐 살며, 동양에서는 한국 중부 이남·일본 남부·대만 등지에 분포한다. 산란기는 5~7월이며 수심 20~30미터의 암초 지대의 해초에 산란하는데 성어成魚는 한배에 15,000여 개의 알을 낳는다.

사실 날치가 공중을 후다닥 나는 것은 포식자를 피해 곧장 도망가는 행위로, 아마도 우리가 탄 배를 돌진해 오는 상어나 고래로 여겼을 터다. 아무튼 위협을 느끼면 수중에서 공중으로 거침없이 날아오른다. 날치의 가슴지느러미는 유별나게 크고 넓은 것이 몸길이의 거의 반을 차지하는데 이런 지느러미의 변형은 도망치기 위한 일종의 적응이다.

수면을 전속력으로 헤엄치다가 단박에 상체를 발딱 세우면서 꼬리를 잽싸게 흔들어 수면을 타듯 가뿐히 도약, 비상하고, 마침내 가슴지느러미를 활짝 편 채 글라이더처럼 활강한다. 물에 내릴 때에는 두 가슴지느러미를 슬며시 접고, 꼬리지느러미가 스르르 먼저 수면에 닿는다. 그래서 1900년대 초기에는 비행기 모형으로 쓰기 위해 날치에 대해서 많은 연구를 진행했다고 한다.

날치하면 살보다 오히려 날치 알flying fish roe을 더 쳐준다. 입안에서 오독오독, 톡톡 터지는 알 말이다. 지름이 0.5~0.8밀리미터쯤 되는 동글동글하고 반짝거리는 날치 알은 비빔밥·김밥에도 넣는다. 일본인들은 우리보다 더 즐겨 먹어서, 알을 오징어 먹물로 검게 만들거나 유자즙으로 노랗게, 혹은 고추냉이로 연두색 물을 들여 초밥에 올린다. 또한 생선·야채·과일 등 다양한 재료를 써서 서양인들의 입맛에 맞게 한 캘리포니아롤 초밥이 유명하다. 날치 알은 영양가가 매우 걸어서 푸짐한 비타민과 단백질에 지방산인 오메가-3, 오메가-6도 무척 풍부하다.

날치가 물 위로 뛰쳐나오는 순간 속력은 시속 70킬로미터 정도이고, 나는 동안에 꼬리지느러미를 매우 빠르게 흔들어 방향을 조절한다. 해면海面에 살짝 닿거나 2~3미터 높이로 나는 것이 예사인데 최고 6미터를 날아오른 기록도 있다. 또 보통은 공중에서 50미터 거리를 날지만 400미터를 날면서 45초 동안 하늘에 머문 것이 최고 기록이라고 한다. 이렇든 저렇든 날개 가진 물고기 놈이 하늘을 씽씽 날아 대니 예사로운 생물이 아니다!

바다의 물결 소리를 담은 패류의 황제

전복

프랑스 시인 장 콕토Jean Cocteau는 "내 귀는 하나의 조개껍데기, 그리운 바다의 물결 소리여!"라고 노래했다. 바닷가를 어슬렁거리다가 조개껍데기를 보면 저절로 주워서 귓전에 갖다 대게 된다. 조가비 말고 커다란 고둥에서도 "싸아~ 싸 아~" 물결 소리가 세차게 들려온다. 음의 공명共鳴 탓에 생기는 소리인데도 꼭 파도 소리로 들린다.

바다의 조개, 고둥(패류貝類) 중에서 천생 사람의 귀를 닮은 것이 있으니 바로 전복全鰒, abalone이다. 전복을 한자로는 鮑(포), 鰒(복)이라 하고, 찐 것을 숙복熟鰒, 말린 것을 건복乾鰒이라 부른다. 서양인들은 전복이 귀를 닮았다 하여 'ear shell' 혹은 'sea ear'라 하고, 일본 사람들은 이패耳貝라고 하는 것을 보면 사람의 눈은 너나 할 것없이 크게 다르지 않나 보다.

세계적으로 분포하는 전복은 100여 종인데 그중에서 여남은 종만 식용하고, 우리나라에서 나는 대표적인 것에는 전복*Haliotis discus* · 말전복*H. gigantea* · 오분자기*H. diversicolor*가 있다. 이들 학명(속명) *Haliotis*는 라틴어로 '바다의 귀'란 뜻이다. 전복은 우리나라 남부 해역에서 많이 서식하기에 진도나 완도 등지에서 많이들 기른다. 덕택에 그 귀한 전복을 회로 쳐서 먹고 죽으로 쒀 먹는다. 일일이 잠녀(해녀)가 손으로 땄을 적엔 참 귀물貴物이었는데 말이지.

전복은 연체동물의 복족류腹足類로 전복과에 속한다. 고둥이나 달팽이를 복족류라 부르는데 전복은 원뿔 모양의 고둥이 납작하게 눌려진 꼴을 한다. 다른 말로 껍데기가 한 장으로 조가비(조개 껍데기)가 두 장인 조개와는 딴 패류다. 둥그스름한 겉껍데기에는 울퉁불퉁한 돌기가 나고, 성장선成長線이 나선형으로 비비 두세 바퀴를 튼다. 그리고 위쪽 끝자락에 여러 개의 구멍이 한 줄로 가지런히 뚫려 있고, 머리에는 1쌍의 촉각(더듬이)과 눈이 있으며, 아가미는 1쌍이다.

전복은 복족류라 넓따랗게 퍼진 단단한 근육인 발로 바위 바닥에 찰싹 달라붙으며 스멀스멀 기어간다. 세상에 공짜란 없다. 전복 겉껍질엔 따개비나 해초 따위가 더덕더덕 들러붙어서 전복이 몸을 숨기고 감추는데 도움을 받고, 그것들은 전복에 붙박여 삶터로 삼는다(사육한 것은 부착물이 없어 껍질이 매끈하다). 전복은 미역, 다시마 등의 해조류(해초)를 먹고사는 초식동물이다.

전복

　전복 껍데기에는 분화구처럼 도드라지고, 줄지어 난 구멍이 여럿 있다. 발생 초기에는 그 구멍이 22개 정도지만 나이를 먹으면서 막혀 버리고(흔적만 남김), 새로 구멍이 생기며, 성패成貝가 되면 4~8개만 남는다. 그 구멍은 출수공出水孔으로 전복의 배설물(똥오줌)과 아가미를 거쳐 나온 물, 알/정자를 함께 몸 밖으로 내보낸다. 전복이나 말전복의 출수공은 3~4개, 오분자기는 7~8개다. 하여 전복 모양이 비금비금할 때는 이 구멍을 헤아려 구분하니 전복 분류에서 중요한 기준이 된다. 필자는 한때 커다란 전복 껍데기를 비눗갑(비누 받침)으로 썼으니 구멍으로 쉽게 물이 빠져나가고, 진주색 바탕에 얹혀 있는 새하얀 비누가 멋진 조화를 이룬다!

　전복은 암수가 따로 있는 자웅이체다. 전복의 몸을 껍데기에 붙이는 폐각근閉殼筋을 칼이나 숟가락 끝으로 떼어내고, 내장의 생식소를 보면 수컷 정소는 유백색이거나 노랗고, 암컷 난소는 녹색이거나 갈색이다. 전복 내장으로 담근 내장 젓갈은 짭짤하면서도 향과 맛이 일품이다.

한국에서는 보통 수온이 20도에 가까운 7, 8월에서 늦가을까지가 산란철로 저녁 무렵에 산란을 한다. 수컷이 먼저 회색 연기를 피우듯 희뿌연 정자를 한껏 뿌려 암컷의 산란을 자극하면 암컷은 푸른 연기 같은 알을 내뿜는다. 나이에 따라서 한꺼번에 1만 개에서 1천만 개의 알을 낳고, 물속에서 수정이 일어나니 말해서 체외수정이다. 수정란은 물속의 조류들을 먹고 담륜자, 피면자皮面子, veliger의 유생 시기를 거치면서 자란다. 이렇게 플랑크톤 생활을 근 일주일 한 뒤에 바다 밑바닥에 가라앉아 미역, 다시마 같은 해조류를 먹기 시작하고, 한 달이면 벌써 2밀리미터 정도 크기로 어미, 아비 닮은꼴을 하게 된다.

전복 사육을 위해서 씨조개(종패種貝)를 얻어야 하니 여기에도 어려운 기술이 따른다. 무엇보다 먹잇감 만들기가 까다롭다. 보통 11~12센티미터 정도 크기의 어미를 새끼치기용으로 쓰는데 암수 생식소를 끄집어내 섞어 수정시켜 미리 배양된 규조류硅藻類, diatom를 먹여 6개월 남짓 사육하면 얼추 10~15밀리미터 정도 자란다. 이 새끼 조개(치패稚貝)를 중간 사육장으로 옮겨 6개월을 더 키우면 30~40밀리미터 정도가 되고, 그것을 바다(가두리)로 옮겨 파래·미역·다시마 등을 따다 먹여 2~3년을 더 키워 내다 판다. 호주, 뉴질랜드 등지에서는 놓아 키운 자연산을 많이 채취하지만 일본·중국·한국 등지에서는 마구잡이로 멸종 직전에 놓인지라 바다 농장에서 주로 인공으로 사육한다.

예부터 전복은 '패류의 황제'로 군림해 왔고, 일찍이 궁중 요리에서도 전복은 꼭 있어야 하는 필수 음식 재료였으며, 맛과 영양 면에서 으뜸으로 쳤다고 한다. 특히 산모가 젖이 말랐을 때, 노약자, 병후 건강 회복에는 전복죽을 윗자리로 치는데 전복에는 타우린·아르기닌·메티오닌·시스테인 등의 아미노산이 가득 들어 있다. 오돌오돌하게 씹히는 싱싱한 회나 푹 끓인 죽, 짭조름한 구이, 고소한 찜은 건강한 사람에게도 좋다.

하나도 버릴 게 없는 내로라하는 전복이다! 전복은 죽어서 살과 내장 말고도 껍데기까지 다 남기니 말이다. 진주 광택 나는 영롱한 속껍데기는 자개·나전·세공·단추·기타 말고도 똥그랗게 갈아서 양식 진주를 만드는 핵核으로 쓴다. 옛날엔 전복에서 천연(자연) 진주를 캤다고 한다.

빛깔이 비단처럼 고운 돌연변이 물고기

비단잉어

춘천의 어느 막국수 집의 조그만 연못에는 거짓말 좀 섞어 팔뚝만 한 비단잉어*C. c. baematopterus*와 죽이 맞은 야생 잉어, 이스라엘 잉어들이 노닐어서 갈 때마다 나를 반기듯 부리나케 못가로 몰려나온다. 사실 그 집엔 막국수보다 늠름하게 일렁대는 멋진 그놈들 보는 재미로 간다. 일본의 시냇물에도 비단잉어 놈들이 유유자적悠悠自適, 지천으로 설렁설렁 헤엄치고 다니던데!

비단잉어와 야생 잉어는 잉어목 잉엇과의 민물고기로 몸 빛깔이나 무늬가 다를 뿐 크기나 모양 등 그 특성은 서로 조금도 다르지 않다. 아무튼 남이 한다니까 덩달아 나선다거나 제 분수는 생각하지 않고 덮어놓고 잘난 사람을 뒤따르는 것을 비꼬아 "잉어

비단잉어

가 뛰니까 망둥이도 뛴다"라 한다.

강에 야생하는 잉어는 긴 원통 모양이고, 옆으로 납작(측편側偏)하며, 눈은 작은 편이고, 아래턱이 위턱보다 조금 짧다. 주로 바닥이 진흙이고, 물 흐름이 느린 큰 강이나 호수에 서식하며, 잡식성이라 잔 물고기나 알·수생곤충·민물 새우·조류·물풀 등을 닥치는 대로 먹는다.

잉어는 붕어와 생김새가 흡사하나 붕어보다 몸이 길고, 몸높이가 낮으며, 무엇보다 위턱 양쪽에 양반다운 두 쌍의 수염이 있는 점이 다르다. 좀 더 보태면 잉어는 위턱 양편에 2쌍의 수염이 있고, 옆줄(측선側線)의 비늘 수가 33개 이상인 반면에 붕어는 상악上顎에 수염이 없고, 측선 비늘 수는 32개 이하다. 잉어는 우리나라·일본·중국 동부·유럽 일부 지역에 분포한다.

빛깔이 비단처럼 고운 비단잉어는 금리錦鯉, 코이koi라 불리고, 보통 잉어Cyprinus carpio 중에서 체색·무늬·비늘의 구조/배열이 돌연변이突然變異, mutation를 일으킨 것을 끈질기게 달라붙어 교잡交雜,

hybridization · 선택選擇, selection · 순계분리純系分離, pure line isolation하여 속된 티가 없는 맑고 아름다운 새로운 품종을 얻는다. 물론 좀처럼 쉬이 얻어지는 것은 결코 아니다.

비단잉어는 1820년경에 일본에서 처음 개발되었고, 20세기에 와서 여러 색상의 잉어를 개량하여 사랑받기에 이르렀다. 그 이후 세계적으로 개량된 품종이 22가지가 넘는다. 비단잉어는 일본에서 사육·개량한 것이 주류를 이루는 탓에 전 세계적으로 잉어란 뜻인 일본어 '코이'로 통한다. 그런데 자연 상태에서 여러 세대를 이어 기르다 보면 야생 환경에 적응하면서 다시 야생 잉어로 되돌아간다고 한다.

살아 진천(생거진천生居鎭川) 죽어 용인(사거용인死去龍仁)이라 했던가. 우리나라에서는 1960년대 용인 자연농원에서 우수 품종을 들여와 사육, 보급하기 시작하였고, 한때 충북 진천 비단잉어는 한 해 40억 달러의 외화 소득을 올린 수출 효자 품목으로 각광받다가 바이러스 감염에 따른 집단 폐사로 사양길에 접어들었다. 그런데 10여 년 전만 해도 세계 관상어 시장의 80퍼센트가량을 점유하던 일본의 비단잉어 주산지인 니가타 현新潟県 등지의 양어장들이 지진으로 쑥대밭이 되었다고 한다. 진천 비단잉어가 날렵하게 잡아챌 기회를 잡지 않았는지 모르겠다.

비단잉어의 기본 색은 흑·백·적·황·청색이라 한다. 비단잉어 품종에는 아무런 무늬 없이 흰색·붉은색·노란색·갈색 등이 바탕색인 단색單色, 온몸이 눈부시게 누런 황금黃金, 몸 전체가 흰색 바탕에 푸른 비늘이 그물눈 모양으로 나는 담청淡靑, 흰색 바탕에 붉은색 무늬가 있는 것으로 비단잉어 품종 중에서 가장 알아주는 홍백紅白, 흰색 바탕에 검은색 무늬가 나는 별광別光, 흰색 바탕에 붉은색과 검은색 무늬가 적당히 분산 배열된 대정삼색大正三色 등 등 아주 다양하다.

"누울 자리를 보고 발을 펴랬다"란 말이 있다. 야생 잉어의 한 아종亞種, subspecies인 비단잉어는 강물에서는 90~120센티미터 대짜배기로 크지만 수족관이나 작은 연못에 넣어 두면 15~25센티미터, 작은 어항에 넣어 키우면 기껏해야 5~8센티미터밖에 자라지 못한다고 한다. 생물이 주변 환경에 무섭게 적응함을 알려주는 일례다. 그래서 "사람은 큰물에서 놀아야 한다"고 하는 것이리라.

다음은 금붕어goldfish 이야기다. 금붕어와 야생 붕어crucian carp는 역시 잉어목 잉엇과의 민물고기로 꼴이 비슷하고, 염색체 수도 같으며, 학명도 같이 *Carassius auratus*로 쓴다. 야생 붕어는 몸길이가 20~43센티미터로 옆으로 납작하고, 머리와 주둥이는 짧으며, 눈과 입은 작고, 입술은 두껍다. 사는 곳에 따라 몸 빛깔이 다르지만 보통은 등 쪽이 황갈색이고 배는 은백색에 황갈색을 띤다. 우리나라·일본·중국 동부·유럽 일부에만 터줏고기로 산다. 그런데 우리나라 토종 붕어*C. auratus*를 일본 비와호琵琶湖가 원산인 굴러온 돌 떡붕어*C. cuvieri*가 박힌 돌을 밀어내고 온통 강이란 강에서 꺼드럭거리고 있단다. 게다가 낚시용으로 가져온 중국 붕어*C. auratus*도 두루 적응하기 시작하였다고 한다.

금붕어

이미 수천 년 전부터 중국에서는 붕어를 식용으로 길러 오면서 색소 돌연변이color mutation가 일어난 것을 선택하여 영 다르게 개량하였으니 그것이 바로 금붕어다. 송나라 때(960~1279년) 벌써 황색·귤색·백색·적색·백색 품종을 얻었다고 하는데 관상용으로 괜찮은 개체만 골라 가면서 여러 세대를 사육하다 보면 형태나 색깔이 아주 다른 변종이 생겨난다.

금붕어는 비단잉어보다 앙증맞고, 전체 몸매나 꼬리지느러미 등의 형태가 훨씬 다종다양하지만 비단잉어는 몸의 허우대는 일정하고 체색과 무늬만 여러 가지다. 금붕어와 비단잉어를 같이 키우면 이른바 종간 잡종인 '잉붕어'가 생기지만 그렇게 생긴 잡종은 불임이다. 조물주께서 반드시 같은 종끼리만 후손을 남기게끔 해 놓은 장금 장치인 것이다.

몸속에 생물시계를 지닌 물고기

연어

　　강원도 양양(남대천)은 우리나라를
대표하는 연어잡이 고장이다. 그런데 연어 회귀율이 해마다 조금
씩 떨어져 결국에는 천 마리를 내보내면 고작 2마리만 돌아오는
셈인 0.2퍼센트까지 떨어졌단다. 강의 오염이 심해지고, 지구 온
난화도 그 원인일 것으로 본다. 하지만 무엇보다 어린 연어가 바
다에서 성장하는 동안에 호시탐탐 넘보는 바다표범·물개·대구·
상어 같은 대형 어류와 물새인 가마우지·갈매기들에게 몽땅 잡아
먹힌 탓이다.

　　매년 그러하듯이 사로잡은 암·수 연어의 알과 정자를 인공수
정시킨 뒤, 대여섯 달 사이 5~6센티미터대로 자란 어린 연어 1천
만 마리 정도를 이듬해 봄에 남대천에다 놓아 보낸다. 방류된 새

대서양 연어

끼 연어는 베링 해나 알래스카 만 등 북태평양까지 2만여 킬로미터의 고달픈 긴 여정을 억척스럽게 보낸 뒤, 거기에서 2~4년간 자란 어미 연어는 여러 달을 마구 헤엄쳐 기어코 자기 안태본安胎本인 남대천으로 되돌아온다.

연어鰱魚, salmon는 송어松魚, 산천어山川魚와 함께 연어과에 속하고, 민물에서 태어난 뒤 바다로 나가 거기에서 일생의 거의 전부를 보내고, 다시 민물로 돌아와 산란하는 소하성 어류溯河性魚類이다. 연어는 태평양 연어Pacific salmon와 대서양 연어Atlantic salmon가 있고, 우리나라 연어Oncorhynchus keta는 태평양 연어로 'chum salmon' 또는 'keta salmon'이라 부른다. 이들은 우리나라·일본·러시아·알래스카·캐나다 등지의 북태평양에 분포한다.

Chum salmon은 몸길이 70~80센티미터, 체중 4.4~10킬로그램 정도로 등은 담청색, 배는 은백색이고, 머리가 원뿔꼴이며, 주둥이가 툭 튀어나왔고, 이빨은 날카롭다. 다른 연어과 어류들처럼 등지느러미와 꼬리지느러미 사이에 지방 덩어리인 기름지느러미

adipose fin가 있다.

연어는 강에서 산란하고, 치어인 스몰트smolt는 얼마 동안 강에서 머물다 바다로 내려간다. 먹을거리가 풍부한 바다로 나가기에 큰 덩치로 자라지만 먹잇감이 작고 적은 강에 있었다면 그렇게 크게 자라지는 못한다. 바다로 가지 않은, 강에 갇힌 연어과의 육봉陸封 송어인 산천어가 몸집이 작은 까닭도 먹이 때문이다. 연어가 바다로 가는 뜻을 알겠다. 그래서 비단잉어와 마찬가지로 '큰 사람이 되고 싶으면 큰물에서 놀아라'라고 하는 것이다!

연어는 얼마쯤 자라면 몸속의 생물시계biological clock가 모천회귀母川回歸, homing migration 본능을 작동시킨다. 그 먼 곳을 갔던 물고기가 어떻게 다시 제가 태어난 곳을 찾는 걸까? 여러 가설 가운데 가장 믿음이 가는 것은 철새들처럼 먼 바다에서는 뇌 속에 저장된 자기장 지도를 쓰다가 강 근처에 와서는 강물 냄새를 기억하는 후각 세포의 후각 기억을 동원한다는 것이다. 아무튼 그 또한 기특하고 불가사의하다.

연어는 통상 방류한 뒤 3~4년이면 모천으로 회귀한다. 9~11월 바야흐로 산란기가 되어서 눈알을 부라리고 기세 좋게 시끌벅적, 옆옆이 미어터지게 줄지어 오른다. 암컷·수컷들은 모두 몸에 진한 붉은빛의 아롱진 홍색 무늬가 생기니 혼인색婚姻色, nuptial coloration인데 이때면 이미 먹이를 더 이상 먹지 않는다. 혼인색이란 어류·양서류·파충류 등이 번식기가 되면 나타나는 독특한 빛깔로 거의가 수컷에 생긴다.

체코의 에칭 판화가 홀라르가 남긴 연어 낚시 판화

　연어는 강 중상류의 모래자갈이 깔려 있는 곳에 다다르면 산란을 시작한다. 암컷이 줄곧 꼬리를 세차게 흔들어 접시 모양의 지름 1미터, 깊이 30센티미터 남짓의 옴폭한 웅덩이(산란장)를 허겁지겁 재게 파는 동안 수컷은 주변에서 암컷을 보호한다. 암컷이 알을 낳으면, 수컷이 벼락같이 정자를 뿌려 수정시킨다. 암컷은 이렇게 두세 번에 걸쳐 6,000개의 알을 낳고, 알 낳기를 마친 암컷은 꼬리를 대차게 살랑살랑 흔들어 모래자갈로 알을 잘 덮어 준다. 산란産卵·방정放精(정자 뿌림)을 끝낸 어미, 아비는 끝내 너덜너덜해지면서 시나브로 일생을 마감한다. 이렇게 미련 없이 사라지는 것이 자연의 법칙일 텐데……. 필자도 마찬가지지만 어찌

하여 인간 늙다리들은 구질구질하게 거치적거리는 존재가 되는
지…….

　수정란에서 3~4개월 만에 부화한 어린 연어는 겨울 강에 펴
도 먹을 게 없는지라 난황낭卵黃囊의 양분으로 버티면서 숨어 지내
다가 이듬해 봄이 오면 마침내 바다로 내려간다. 새끼 연어가 강
에 사는 동안에는 파마크parr mark라 불리는 타원형의 위장 무늬를
가지지만 민물을 떠나 바다에 들 무렵이면 무늬가 없어지고 몸은
은백색으로 변한다. 북태평양에 도착한 연어는 물 반, 먹이 반인
그곳에서 새우 등의 갑각류나 오징어, 잔물고기들을 먹고 하루가
다르게 무럭무럭 자란다.

　연어 맛은 산란 직전 바다에서 잡은 것이 윗길이고, 강 상류에
서 잡힌 것은 진이 다 빠진 탓에 맛대가리가 없다. 그리고 자연
산 연어가 양식 연어에 비해 지방산 등이 훨씬 많이 들었다. 연어
에는 수많은 영양소가 풍부하지만 무엇보다 불포화 지방산(오메
가-3 지방산)인 EPA eicosapentaenoic acid 와 DHA docosa hexaenoic acid 가 많다.
연어는 회·초밥·구이·통조림·훈제·피자·파스타 등으로 쓰이
고, 연어 알도 일품이다.

　본래 자연산 연어의 주 먹이가 새우 등의 갑각류라 그들의 붉
은 색소가 연어 살에 배여 연어의 살색 역시 연분홍인데다 알도
붉다. 그러나 깊은 바닷속 가두리에서 키운 양식 연어의 먹잇감
은 대구 등 흰 살 생선이기에 연어 살색이 회색빛이다. 결국 사람
들은 연분홍 빛깔이 나는 연어 살을 만들기 위해 카로티노이드계

색소인 아스타잔틴astaxanthin을 섞은 사료를 먹이게 된다.

노르웨이·칠레·영국 등이 대표적인 연어 양식 국가이고, 우리도 한류가 흐르는 강원도 고성 앞바다에서 양식한 국산 연어가 11월 중에 우리 식탁에 오를 것이라 한다. 오래 살고 볼 일이다.

머리가 아주 좋은 지혜로운 바다 돼지

돌고래

칭찬하면 고래, 코끼리도 춤춘다고
한다! 모름지기 가르침에는 칭찬이 으뜸이다. 피그말리온 효과
Pygmalion effect나 로젠탈 효과Rosenthal effect를 들먹일 필요도 없다. 그
리고 고래는 '크고 많은 것'을 이르는 탓에 술을 많이 마시거나 잘
마시는 사람을 '술고래'라 한다지.

"고래를 잡다"라고 하면, 고래잡이인 포경捕鯨과 음경의 끝이 껍
질에 싸여 있는 포경包莖, phimosis의 발음이 같아, 포경 수술함을 속
되게 이르는 말이고, "고래 등 같다"란 주로 기와집이 덩그렇게
높고 큼을, "고래 싸움에 새우 등 터진다"는 강한 자들끼리 싸우
는 통에 아무 상관도 없는 약한 자가 중간에 끼어 피해를 입게 됨
을 빗댄 말이다.

일반적으로 몸길이가 4~5미터 이상인 것을 '고래^{whale}'라 하고 그보다 작은 것을 '돌고래^{dolphin}'라 부른다. '돌고래'의 '돌'은 작거나 품질이 떨어지며, 야생으로 자라는 것을 뜻하는 접두사로 '돌미역', '돌배', '돌게', '돌상어' 따위로 쓴다. 그리고 'dolphin'이란 그리스어로 '자궁^{womb}'이란 뜻이며 '자궁을 갖는 물고기', 즉 태반이 있어서 자궁에서 새끼가 자라고 태어나는 태생^{胎生, viviparity}하는 포유류란 의미이다.

돌고래^{Delphinus delphis}는 고래목에 속하는 포유동물로 땅에 사는 발굽동물(유제류^{有蹄類})이 조상으로, 5,500만 년 전에 바다에 들었다고 한다. 다시 말하면 바다에서 육지로 올라와 살다가 재차 바다로 든 것으로(재적응), 그때의 몸체는 지금 것에 비해 무색할 정도로 고작 개나 고양이 정도였다고 한다.

바다로 서식지를 옮긴 돌고래는 몸이 물고기를 닮은 유선형으로 변했다. 뒷다리는 퇴화하였고, 앞다리는 아주 커다란 지느러미 꼴로 바뀌었으니 이를 지느러미발^{flipper}이라 한다. 일종의 흔적기관으로 다른 척추동물의 앞다리와 같은 뼈의 구조를 하고 있다. 포유동물의 특징인 털이 없어지면서 피부가 매끈해졌고, 피하에 꽤 두꺼운 지방층이 발달하였다.

흔히 '바다 돼지(해돈^{海豚})'라고 불리는 돌고래 무리는 세계적으로 17속 40여 종 있으며, 주로 잔물고기와 오징어 무리를 먹는다. 돌고래 암컷은 2.3미터, 수컷은 2.6미터로 수놈이 좀 더 크고 길다. 머리는 아주 크고, 눈이 매우 밝으며, 긴 턱에 주둥이가 튀어나왔고, 구부러진 입은 미소 짓는 모양을 한다. 상하의 턱에는 40~61개의 작고 뾰족한 이빨이 바투 난다.

체온이 일정한 항온(정온)동물이고, 비록 물속 생활에 적응하였지만 호흡은 여전히 아가미가 아닌 허파로 한다. 물속에 머무는 시간은 종에 따라 10~60분 정도이고, 주기적으로 수면으로 머리를 내민다. 머리 위쪽에 있는 숨구멍(분수공噴水孔, blowhole)으로 숨을 쉬며, 물속에서 떠올랐을 때 푸~우, 푸~우 하고 공기를 실컷 내뿜으니 분수같이 솟구치는 물기둥(허파의 더운 공기와 바다의 찬 공기가 만나 생긴 물방울이다)이 10~15미터에 달한다.

돌고래는 침팬지나 사람처럼 전희 행위를 하고, 암수가 배를 맞대고 여러 번 짝짓기하며, 임신 기간은 10~11개월이다. 한배에 1마리를 낳으며, 새끼는 70~100센티미터에 10킬로그램에 달하고 35년을 산다. 태생하므로 배꼽(제대臍帶)이 있고, 입술이 없어 젖꼭지를 마음껏 빨지 못하는데, 젖샘이 근육으로 되어서 주둥이를 욱여넣고 젖샘을 쿡 누르면 근육이 수축하면서 젖이 솟는다.

지구에서 가장 지능이 높은 동물 중의 하나로 꼽히는 돌고래의 귓바퀴는 퇴화하였지만 머리 양쪽에 작은 것이 있고, 사람보다 10배나 더 잘 듣는다. 끼리끼리 휘파람 소리를 내어 서로 의사소통을 하고, 울대(성대聲帶, vocal cords)가 커서 해산 동물 중에서 가장 큰 소리를 지른다. 박쥐처럼 스스로 소리를 내어서 그것이 물체에 부딪쳐 되돌아오는 음파를 받아 위치 등을 알아내는 반향정위反響定位, echolocation법을 쓰기도 한다.

또 더할 나위 없는 사회적인 동물로 지극히 의타적이라 다치거나 아파 힘이 부치는 친구 (다른 종의 친구까

돌고래 이빨

© Jerry Kirkhart

지도)를 뒤치다꺼리하니 몸을 떠밀어 올려 주어 숨을 쉬게 도와준다고 한다. 그리고 숙면에 들면 좌우 교대로 반쪽 뇌로 잠을 자면서도 쉬지 않고 꼬리질해서 몸을 물에 띄워 숨을 쉬고, 적의 공격도 알아챈다. 장난꾸러기 돌고래는 그토록 놀기를 좋아하는지라 거품 고리^{bubble rings}를 만들어 천진난만하게 장난친다.

또한 머리가 아주 좋아서 어려운 '돌고래 쇼'도 멋지게 해낸다. 돌고래는 수십 마리에서 수천 마리가 넘는 큰 무리를 지워 소란스럽게 대양을 세차게 식식거리며 헤집고 다니며, 넉살 좋은 놈이라 항해하는 배에도 거리낌 없이 다가오는 사람과도 친숙한 동물이다. 평균 유영 속도는 시속 60킬로미터이다. 한때 적군의 어뢰나 익사한 사람을 찾기 위해 돌고래를 이용하기도 했다.

보통 꺼릴 게 없는 정점 포식자이지만 상어 무리에게 새끼들이 희생되는 수가 있으며, 뭐니 뭐니 해도 사람이 가장 위험한 포식자이다. 다행히 우리나라는 포경을 하지 않고 잘 보호한 탓에 동해안에서 사라지다시피 했던 고래들이 돌아와 우글우글, 버글버

돌고래

글 신나게 노니는 모습에 아연 눈이 휘둥그레진다.

　당연히 돌고래는 이 지구 터전에 살 자격이 있다. 부디 다른 생물들을 너무 구박하지 말 것이다. 그들이 사라지면 다음은 제 차례인 것도 모르고 싹수 없이 까불대는 인간들의 꼴이 천불 나고 가소롭기 짝이 없다. 그렇지 않은가?

외래 어종으로부터 토종을 지키는 본토박이

쏘가리

"나무도 쓸 만하게 곧은 것이 먼저 베이고直木先伐, 단 샘물은 먼저 마른다甘井先竭"고 한다. 그래도 남겨진 굽은 나무가 선산先山을 지키고, 사람 노릇 못하는 병신 자식이 효자 노릇을 한다. 같은 뜻으로 "곧은 나무 먼저 찍힌다"고 하는데, 무리 중에서 지나치게 뛰어나거나 원만하지 못한 사람은 누구에게서나 미움을 받기 쉽다.

쏘가리Siniperca scherzeri도 그렇다. 민물고기(담수어淡水魚)의 제왕이라 불릴 만큼 멋나고 날쌔면서도 맛이 좋아 회·매운탕·저냐(전) 등으로 미식가들의 호기심을 끈다. 이렇게 인간들이 눈에 불을 켜고 잡아먹으려 드니 별수 없이 씨가 마를 수밖에 없다. 큰 호수가 몇 개 있었기에 망정이지 얕은 강만 있어 요새처럼 강바닥이 말

라 버렸더라면 진정 종자도 못 건질 뻔했다. 그런 면에선 호수가 한몫을 한 셈이다. 늘 하는 말

부산해양자연사박물관에 박제로 전시된 황쏘가리

이지만 무지하고 오만에 찌든 인간들의 심술에 어디 하나 남아나는 것이 없다.

옛날에도 쏘가리는 사랑을 듬뿍 받았으니 선인들의 시구詩句나 그림, 도자기들에 흔히 등장하였다. 또 예로부터 준수한 생김새와 최고로 뛰어난 맛 탓에 천자어天子魚로 불리기도 했다. 그리고 배스와 함께 낚시꾼들의 루어 낚시에 안성맞춤인 어종이다.

아마도 쏘가리라는 이름은 지느러미 가시가 쏜다는 뜻에서 생긴 이름일 터이다. 쏘가리는 몸 색깔이 아름답다고 금린어錦鱗魚라 부르고, 궐어鱖魚라고도 한다. 궐어라는 물고기 이름에 재미나는 이야기가 하나 있다. 임금이 사는 곳을 대궐大闕이라 하고, 쏘가리 궐鱖과 대궐의 궐闕 자는 뜻은 다르지만 발음이 같다. 그래서 쏘가리 그림을 그려도 반드시 한 마리를 그렸으며(태양이 하나이듯 임금은 언제나 한 사람이니까), 두 마리를 그리면 국가나 군주를 전복할 것을 꾀한 죄(모반죄)로 죽임을 당했다고 한다. 아따, 무서운 세상, 모반이란 말만 나와도 목이 댕강 날아가는 세상이 아니었던가.

쏘가리는 농어목, 꺽지과의 민물고기로 우리나라나 중국을 원

산지로 보며, 우리나라 꺽지과 고기에는 쏘가리와 꺽지, 꺽저기 3종이 있다. 몸길이 20~30센티미터 이상으로, 50센티미터가 넘는 것도 흔하다. 지느러미에는 무척 날카로운 가시가 있고, 아래턱(하악)이 좀 길며, 옆줄 또한 뚜렷하다. 몸통은 옆으로 납작하고, 몸은 검누런 바탕에 둥근 갈색 반점(무늬)이 흩어져 있다. 한마디로 날렵하고 때깔 좋은, 맵시 나는 물고기다. 쏘가리는 물이 아주 맑고 자갈이나 바위가 많은 큰 강에 산다.

물고기나 짐승이나, 또 사람 할 것 없이 초식하는 동물은 굼뜨고 온순하나 육식하는 녀석들은 하나같이 거칠고 포악하다. 쏘가리는 육식하는 어종으로 특히나 등지느러미 가시는 바늘 못지않게 뾰족하고 예리하여 맨손으로 잡기에는 두렵다. 등지느러미 가시는 12~13개고, 얇은 막으로 연결되어 있으며, 보통 때는 드러눕던 가시가 자극을 받으면 성내면서 반사적으로 번쩍 선다. 도마 위의 고기가 칼을 무서워하랴俎上肉不畏刀. 놈들도 도마 위에 올랐으면서도 칼이 살짝만 건드려도 바늘을 삐죽 세운다.

쏘가리mandarin fish는 새우나 수생곤충, 잔물고기를 잡아먹지만 다른 큰 물고기 모두가 이놈들의 밥이 된다. 그래서 강물의 먹이 사슬food chain에서 맨 끝 자리에, 그리고 먹이 피라미드food pyramid에서는 꼭지에 올라 있다.

쏘가리는 5월에서 7월에 걸쳐 산란한다. 돌 옆에 가만히 붙어 있다가도 휙휙 쏜살같이 내빼며, 발정기에는 다른 놈이 접근을 하면 옆구리를 바위에다 썩썩 문지르면서 잔뜩 겁을 준다. 또 좀 얕은 여울물 가로 나와서 자갈밭에다 밤에 알을 낳고, 부화된 새끼 물고기는 빠르게 성장하여 2년 후면 25센티미터 넘게 다 자란다.

쏘가리 중에서 바탕색이 누런 황쏘가리가 있다. 이는 쏘가리와 같은 종으로 검은 색소를 만드는 유전자가 없어진 돌연변이종이다. 쏘가리 말고도 황금색의 송어·미꾸리·메기 따위도 흔히 나온다고 하고, 색소 결핍이 일어난 금붕어나 비단잉어는 그 값이 천정부지다. 어쨌거나 돌연변이로 생긴 생물들은 생존력(경쟁력)이 약한 것이 특징이다.

우리나라 터줏고기가 외국에서 든 도입종에 쪽을 못 쓰고 판판이 당한다고 해서 걱정이 태산이다. 물고기를 키워 먹겠다고 들여왔다가 생태계 교란으로 큰코다치고 있는 것이다. 아무튼 오염과 남획으로 최근에는 쏘가리도 멸종 위기를 맞았다. 그래서 5월 1일부터 6월 10일까지는 어획을 금하고, 18센티미터 이하의 어린 고기를 잡는 것도 금지하고 있다.

소양호만 해도 쏘가리 산란장이 있다. 인공 수풀에 알을 달라붙게 하는데, 사료 개발 덕에 근래 와서 쏘가리를 인공 부화시켜 사육한다. 앞에서 말했듯이 쏘가리는 육식하는지라 살아 있는 먹잇감이 난제였고, 특히 치어에 산 먹이를 주는 것이 힘들었다. 이렇게 쏘가리를 키워 먹겠다는 것 말고도 얼마만큼 키워 호수에 풀어 놓아 외래종의 치어를 마구 잡아먹게 하니 일석이조다. 다시 말해서 별수를 다 써도 억센 배스나 블루길을 잡을 길이 없었다.

중과부족이기는 하지만 그래도 그놈들을 눌러 이기는 우리 토종 물고기가 있으니 바로 쏘가리다. 본토박이 쏘가리의 힘찬 외침이다. "야, 자식들 나와라, 한판 붙어 보자."

바다의 폭군을 물리치는 탐스러운 패류

나팔고둥

강원도 평창군 봉평초등학교 6학년 학생 12명으로 구성된 취타대吹打隊가 중국 상하이에서 평창 동계 올림픽 홍보 활동을 펼쳤다는 기사를 본 적이 있다. 취타吹打란 관악기를 불고(吹) 타악기를 침(打)을 이르고, 대취타와 소취타로 나뉜다. 대취타는 징·자바라·용고龍鼓·나각螺角·나발(나팔)·태평소들로 갖춘 대규모의 군악대軍樂隊를 이른다. 소편성엔 각각 4명씩 24명이, 대편성엔 8명씩 48명의 취타수가 참가한다고 한다.

주로 군대가 진을 치고 있는 군영의 진문陣門을 크게 여닫거나 군대가 행진하고 개선할 때, 고관의 나들이 행차 시에, 또 임금이 능에 거둥하는 능행陵幸에 취타하였다고 한다. 소취타는 진문을 개폐할 때 하던 약식 취타로 매일 새벽과 밤에 행하였다. 앞의 봉

덕수궁 금군 교대식에서 취타대 악사 한 명이 나각을 불고 있다. 건너편에 보이는 악기는 나발이다.

평초등학교 학생들이나 광화문 등지에서 행하는 취타대는 소취타인 셈이다.

그런데 성대하게 의장을 갖추고 질서 정연하게 진행되는 웅장한 대취타를 보고 있으면 시끌벅적함에서 '뿌―' 하는 우람한 소리를 듣게 된다. 길쭉하고 커다란 고둥 일종인 나각이 내는 소리다. 그런데 취타대에 빠져서는 안 되는 이 고둥을 어디서나 여태 '소라'라고 적어 놓았다.

제주도를 상징하는 소라*Batillus cornutus*는 소랏과의 연체동물로 껍데기 길이 10센티미터, 지름 8센티미터 정도로 조그맣고 둥글넓적한 것이 껍데기에 뿔 닮은 거칠고 긴 돌기들이 잔뜩 나 있어 나각과 사뭇 다르다. 그러므로 여기서 말하는 소라란 바다에서 나는 고둥 무리를 통틀어 이르는 말일 뿐이고, 그것을 불어도 '뿌―' 하는 근사한 소리가 날 리 만무하다.

그러므로 취타대에서 불어대는 그 나각은 결코 소라가 아니고 길이가 무려 30센티미터나 되는 아주 큰 해산복족류海産腹足類인 나팔고둥*Charonia lampas*이다. 나팔고둥의 끝자리를 뭉툭 자르고 다듬어 거기다 입을 대고 불면 이토록 우렁찬 나팔 소리가 난다. 따라서 서양인들도 나팔trumpet을 부는 패류貝類, shell, 즉 'trumpet shell'이라 불렀고, 마땅히 중국과 일본에서도 악기로 썼다고 한다.

또 나팔고둥을 'Triton's trumpet'이라고도 한다. 트리톤은 그리스 신화에 나오는 반인반어半人半魚의 해신海神으로 해마sea horse를 타고 다니면서 바다가 잔잔할 때는 물 위로 올라와 자신의 상징물인 소라고둥(나팔고둥)을 불어 물고기와 돌고래들을 불러 모아 놀았다고 한다.

부연하면, 나팔고둥을 데삶아 살을 빼버리고, 뾰족한 꽁무니(꼭지, 각정殼頂) 부분을 잘라내고, 곱게 갈아서 입김을 불어 넣는 구멍(취구吹口, mouthpiece)로 삼는다. 취구에다 윗입술과 아랫입술 사이로 입김을 불어넣어 입술 진동으로 소리를 낸다. 고둥 안은 여러 바퀴 휘휘 꼬인 관으로 갈수록 점점 더욱 굵어져(소리를 공명 증폭시킴) 이윽고 맨 끝자락(입)은 나팔 주둥이처럼 활짝 펴진다.

나각은 서양 호른horn 악기의 전신인 이른바 각적角笛(뿔피리)과 영락없이 비슷하다 하겠다. 나각(나팔고둥)을 원형대로 쓰기도 하지만 겉을 노리개로 치레하고, 천으로 둘러싸기도 한다. 현재 국립국악원에 보존되어 있는 나각(나팔고둥)은 길이 약 30센티미터로 취구 지름은 약 3센티미터라 한다.

그런데 패류는 크게 껍데기(패각貝殼)가 여러 층으로 배배 꼬인 복족류 고둥(골뱅이, 권패卷貝)과 껍데기가 두 장인 부족류 조개(이매패二枚貝) 둘로 나뉜다. 결국 나팔고둥은 앞의 복족류에 해당한

나팔고둥

다. 그런데 여러 고
둥 무리와 꽃, 인
체 따위를 X-선으
로 촬영하여 영상
작품으로 만드는
X-ray 아티스트인
강남세브란스병원
영상의학과 정태
섭 교수가 온 세상
에 이름났다.

　나팔고둥은 수염고둥과의 연체동물로 세계적으로 3종이 있으
며, 복족류 중 가장 커서 다 자라면 길이가 무려 35센티미터가 넘
는다. 껍데기는 아주 단단하고 묵직한 것이 매우 소담스럽고 멋진
연체동물이다. 길쭉한 원뿔형에 나층螺層(나사켜)은 일고여덟 층으
로 높은 편이며, 체층體層(주둥이에서 한 바퀴 돌아왔을 때의 가장 큰 아
래층)이 몸의 거의 반 이상을 차지한다. 껍질(각피殼皮)은 자줏빛 갈
색(자갈색)으로 선명하고, 예쁜 무늬가 굵게 나며, 겉은 윤기가 나
서 몹시 반드럽다. 아주 넓고 둥근 입(각구殼口, aperture) 속은 희고,
입 바깥쪽으로 퍼져 있는 입술(각순殼脣)은 두꺼우면서 나팔처럼
벌어진다. 자웅이체로 체내수정을 하고 알을 낳는다.

　그리고 나팔고둥은 발칙스런 '바다의 폭군' 불가사리의 천적이
다! 침샘에서 마비 타액을 분비하여 고둥·조개·해삼은 물론이고

가시가 가득 난 대형 악마불가사리crown-of-thorns starfish까지도 잡아 먹는다. 나팔고둥은 태평양·대서양·인도양·지중해에 나고, 우리나라에는 남해안의 수심 8~50미터 지역에 분포한다. 필자도 사력을 다해 방방곡곡 바다 채집하면서 허구한 날 허탕 치다가 거문도, 백도에서 뜻밖에 한 어부로부터 나팔고둥을 간신히 구했었다.

나팔고둥은 껍데기의 무늬가 탐스럽고 아름다워 패류 수집가들에게 인기 있고, 우리나라 우표에도 나온 적이 있다. 데치거나 삶아 짭조름한 알(살)은 무쳐 먹고, 껍데기는 조개 공예 재료로도 쓴다. 아무튼 무참한 남획과 무분별한 연안 생태계 훼손으로 마침내 몽땅 거덜 나 시방 멸종 위기 야생생물 1급으로 취급되기에 이르렀다. 하지만 뒤늦게나마 살려 내려고 연구 중에 있다니 참 천행이라 하겠다. 어디 나팔고둥뿐이겠는가. 물뭍의 동식물들이 온통 전전긍긍 사경에 처했다. 하지만 그나마 늦었다고 생각될 때가 가장 빠른 때라 했으니…….

화려한 혼인색을 지닌 절대 하찮지 않은 물고기

피라미

피라미 이야기를 하자니 강의 잘 하시기로도 이름나셨던 어류학자 최기철 은사님 생각이 새삼 떠오른다. 필자의 지도 교수님이시기도 했던 우리 선생님! 원래는 패류를 전공하셨지만 퇴임할 무렵부터 전공을 어류학으로 돌려 30여 년간 천착하시어 큰 업적을 남기셨다. 그러고 보니 만학을 한 셈이다. 오래전 새해에, 서울대 총장이 모신 명예교수 저녁 자리에서 음식을 드시다가 목이 막혀 아흔셋에 유명을 달리하셨다. 사제師弟는 은원관계恩怨關係라 했고, 범(虎) 스승 밑에 개(犬) 제자 안 난다고 했지.

그런데 흔히 큰 고기는 안 잡히고 기껏해야 잔챙이만 걸려들거나, 큰 도둑은 안 잡히고 고작 좀도둑만 잡힐 때 "피라미만 잡힌다"고들 한다. 여기서 '피라미'란 한낱 하찮은 존재거나 매우 왜소함을 비꼰 말이다. "네까짓 피라미가 어디라고 불쑥 나서냐?"라고 퉁 주듯 말이지.

피라미*Zacco platypus*는 잉엇과의 담수어로 청정한 2급수에 주로 살지만 오염 내성이 꽤나 강해 3급수에서도 잘 견디는 편이다. 피라미를 향어로 '피리', '피래미', '참피리', '날피리', '불거지'라 하고, 한자어로는 '鯈魚(조어)'라 한다.

피라미*freshwater minnow*는 중국 북부나 한국을 원산지로 본다. 한국·일본·중국·대만·베트남 등지에 살며, 유연관계*relationships*가 깊은 근연종으로는 같은 속으로 갈겨니*Z. temmincki*가 있다. 피라미는 성마르고 날쌔며, 바닥이 모래나 잔자갈로 된 시내(하천) 중하류의 여울에 주로 산다. 뭍의 동물이 그렇듯이 피라미를 포함한 힘 약한 물고기들도 일사불란하게 무리를 지운다. 떼를 지우기에 보는 눈이 많아 포식자를 쉬 발견하고는 부리나케 도망갈 수 있고, 암수가 늘 가까이 있어 산란/정자 뿌림이 손쉽다.

피라미는 몸길이가 8~12센티미터로 가느스름하면서도 날씬

피라미

하고, 몸이 옆으로 납작하며, 뒷지느러미가 거칠게 큰 것이 특징이다. 주둥이는 뾰족하고, 입은 작으며, 옆줄은 배 아래쪽으로 휘어 쳐져 있다. 비늘은 육각형으로 크고, 광택을 내는데 더러는 몸을 슬쩍궁 비틀어 햇빛을 반사시켜 번득거린다. 등편은 청갈색을, 옆구리와 배 쪽은 산뜻한 은백색을 띠며, 옆구리에는 은은한 암청색의 가로띠가 10~13줄이 난다.

산란기가 되면 수컷은 화려한 혼인색을 낸다. 머리 밑바닥이 검붉게 변하고, 가슴·배·뒷지느러미가 주황색으로 바뀐다. 그리고 좁쌀같이 자잘하고 새까만 사마귀 돌기가 주둥이 아래에 우둘투둘 생기는데 이렇게 수컷 피부에 사마귀 모양의 두두룩한 군더더기 돌기를 추성追星, nuptial tubercles/pearl organ이라 한다. 산란 시기에만 나타나는 멋진 수컷의 혼인색과 추성은 이차성징secondary sexual character으로 암컷 마음을 사기 위한 수단이다. 이렇듯 수컷이 덩치가 클뿐더러 겉모양이 암놈과 워낙 달라 보여서 두 암수를 딴 종으로 보기 일쑤다.

피라미는 가을이 들어 수온이 내려가면 상류에 살던 놈들이 수심이 깊은 하류로 이동한다. 반대로 아직은 이르지만, 5월 중순경 감자 꽃이 필 무렵이면 다른 물고기들이 그러하듯이 하류에서 산란하러 상류로 거슬러 오르기 시작한다. 물살이 좀 느리고 모래자갈이 깔린 곳에 와서는 암수가 함께 강바닥을 줄기차게 파헤쳐 지름 30~50센티미터의 알자리(산란장)를 만들고, 거기에다 산란, 정자 뿌림(방정)을 한다.

눈곱자기만 한 앙증맞던 치어(유어幼魚)는 2년이면 쑥쑥 자라 어미 피라미가 된다. 피라미는 이른 아침이나 해질녘에 수면 위로 펄쩍펄쩍 뛰

갈겨니

어 올라 알을 낳으러 온 벌레(수서곤충의 성충)를 낚아채고, 물속에서 플랑크톤이나 자갈에 붙은 조류를 갉아먹는다.

그리고 서로 다른 동물이 한곳에서 옥신각신하며 어우렁더우렁 사는 것을 공서共棲, cohabitation라 하는데 피라미가 있으면 반드시 같은 속의 갈겨니 녀석이 있게 마련이다. 갈겨니는 옆줄 비늘이 48~55개이지만 피라미는 42~45개이고, 갈겨니는 몸길이가 18~20센티미터로 피라미보다 훨씬 크다. 그리고 갈겨니는 눈이 피라미보다 크고, 피라미는 눈(홍채)에 붉은 줄이 있어서 눈이 붉지만 갈겨니는 붉지 않다. 또한 갈겨니는 옆구리에 짙은 자주색의 세로띠가 있지만 피라미는 옆면에 열서너 줄의 무늬가 있다.

여름이 왔다 하면 우리 또래들은 노상 강에서 사는 천렵꾼이 되었으니 낯짝은 햇볕에 탈대로 타서 새까맣고 반질반질한 깜둥이였다. 그런데 고기잡이 방법도 다종다양多種多樣했었으니 낚시로 낚기도 하지만 주로 투망질로 잡았다. 어떤 때는 큼지막한 돌을 치켜들고 강바닥의 돌 머리를 내리치면 피라미가 충격을 받아 금

세 발라당 배를 뒤집고 둥둥 떠올랐다.

또 돌 밑에다 맨손을 살며시 집어넣어 슬금슬금 더듬이질하여 사로잡기도 하고, 때론 샛강에서는 물막이하여 아예 물길을 돌려놓고, 여뀌water pepper 잎줄기를 콩콩 찧어 너럭바위 밑에다 풀어넣어 몸부림치는 놈들을 줍다시피 했다. 또 여울에 보쌈을 놓아 쉬리를 잡았다.

그랬던 강들이 파렴치하고 젠체하는 인간 나부랭이들의 노략질 탓에 황량하게 썩어 빠져 물고기들도 지극히 곤욕스러워한단다. 물이 너무 맑으면 물고기가 없다水至淸卽無魚고, 옛날엔 강물이 너무 맑은 것을 걱정하기도 했었는데……. 손대지 않은, 있는 그대로의 자연(무위자연無爲自然)을 두고 볼 순 없는 것일까?

북미 해변을 장악한 기고만장한 아시아 멍게

미더덕

미더덕*Styela clava*은 미더덕과의 무척
추동물이지만 척추동물처럼 유생 때 몸을 지지하는 기관으로 척
삭脊索, notochord이 있는 척삭동물chordates이다. 돌려 말하면 척삭이
있다는 점에서 척추동물과도 꽤나 가까운 동물에 속하고, 미더덕
이나 멍게 유생은 꼬리에는 척삭이 있지만 성체가 되면서 그것이
없어지기에 미색류尾索類라 부른다.

미더덕은 원통형으로 몸길이 8~12센티미터 정도이고, 손가
락을 닮은 자루stalk로 다른 물체에 들러붙어 산다. 그래서 서양인
들은 자루 달린 멍게stalked sea squirt, 아시아가 원산이라 하여 아시
아 멍게asian tunicate, 몸에 사마귀 같은 도드라진 돌기가 있다 하여
'warty sea squirt'라 한다. 여기서 'squirt'란 물을 찍 깔긴다는 뜻

멍게

이고, 'tunicate'는 딱딱하고 두꺼운 껍질로 싸여 있음을 의미한다.

그런데 미더덕과 멍게*Halocynthia roretzi*(우렁쉥이)는 겉은 속절없이 닮았지만 속(핏줄)은 달라서 다른 과*family*, 딴 속*genus*이다. 피붙이로 따진다면 6촌 정도 될까. 미더덕은 크기가 멍게보다 훨씬 작고, 전 세계적으로 분포하며, 우리나라 연안에서도 흔하게 볼 수 있다. 그리고 뭍의 식물인 더덕 뿌리와 유사하여 미더덕이란 이름이 붙었다는데 미더덕의 '미'는 '물(水)'의 옛말이다. 그래서 미더덕은 '물에 사는 더덕'이란 예스러운 뜻이 들었단다.

몸의 맨 꼭대기에는 물이 드는 입수공入水孔과 나는 출수공이 있다. 연신 물을 빨아 내뿜으면서 함께 들어온 플랑크톤이나 유기물을 걸러먹는 여과섭식*filter feeding*을 한다. 그런데 멍게와는 달리 입출수공이 물에 있을 때는 뻥 뚫린 두 구멍이 뚜렷하나 물밖에 나오면 몸 안으로 슬그머니 집어넣어 잘 구별이 되지 않는다.

껍데기에는 조류·해면·히드라 무리들이 지천으로 뒤엉겨 붙는다. 성체는 몸길이의 절반이 채 못 되는 자루를 바위 따위에 붙여 뒤룽뒤룽 매달린다. 겉껍데기는 질긴 가죽 같고, 주름이 졌으며(몸통 아래는 매끈함), 몸의 빛깔은 주변 색깔에 따라 보통 황색에서 갈색이다. 그리고 상당히 소금기가 낮은 민물과 바닷물이 섞이는 기수brackish water에서도 산다.

7~9월에 산란하고, 암수한몸(자웅동체)이지만 난소와 정소의 성숙 시기가 서로 달라서 자가수정self-fertilization을 피한다. 수정란에서 부화한 유생은 1~3일간 떠다니면서 플랑크톤을 먹고 커서 바닥에 달라붙고, 3~10개월이면 다 자라며, 수명은 1~3년 남짓이다. 주로 연안의 수심 20~25미터 이내의 바윗돌·부표·말뚝·조개껍데기·해초 등 단단한 물체에 붙어산다.

외국 자료에 따르면 이례적으로 우리나라 사람들이 미더덕을 퍽이나 즐겨 먹는 것으로 소개되고 있다. 생각만 해도 입안에 침이 한가득이다! 미더덕 회는 고유의 향과 상큼하고 달착지근한 맛을 지니고 있어서 먹고 나도 뒷맛이 입안에서 한참을 감돈다. 회 말고도 찜·된장찌개·조림·부침·국·회덮밥 등 여러 조리법이 있다. 찌개 속의 팽팽한 미더덕을 깨물면 톡하고 씹히는 느낌이 특별나고, 특유한 향미香味는 불포화 알코올인 신티올cynthiol이나 n-옥탄올n-octanol 때문이라 한다.

미더덕 배를 짜개 찌개에 넣는 것은 뜨겁고 멀건 국물에 입을 데이지 않기 위해서다. 마산, 진해만을 중심으로 가위 남해안의 일품 특산물이다.

미더덕은 아시아의 태평양 연안인 한국·오호츠크·일본·북중국 해변을 원산지로 추정한다. 이들 미더덕들이 호주·뉴질랜드·

미더덕

유럽에까지 다 살고 있으니 큰 배의 선박평형수로 쓰이는 밸러스트 탱크ballast tank의 물속에 담겨서 퍼져 나간 때문으로 생각하기 쉽다. 그러나 1~3일간의 플랑크톤 생활을 하는 짧은 유생 시기에 해류를 따라가거나 바닥짐의 물에 들어 멀리 퍼지는 것은 불가능하다. 그러므로 선체에 달라붙어hull fouling 먼 외지로 퍼져 나갔다고 보는 것이 옳다.

한때 캐나다에서 미국 샌디에이고 해변까지 기고만장한 '아시아 멍게'가 기를 쓰고 달려들어 그곳 바다 생물을 다 죽인다고 미국의 신문과 방송에서 된통 난리가 났었다. 한마디로 외국에서 유입된 생물들이 까탈을 부리는 것은 우리나라뿐만이 아니라는 것이다.

거기나 여기나 도통 듣도 보도 못한 주제넘은 침입종invasive species들이 고유종native species들과 삶의 터전과 먹이 경쟁을 하여 삽시간에 생태계를 결딴낸다. 미더덕이 온통 송곳 하나 끼울 틈 없이 바닥을 잔뜩 뒤덮고, 먹잇감인 플랑크톤을 모조리 씨를 말리며, 어구나 보트에도 마구 바투 달라붙어 죄다 망쳐 놓는다. 심한 경우엔 1제곱미터에 무려 1,500마리가 엉버티고 눌러앉는다고 하니 한마디로 해변을 엉망진창, 쑥대밭으로 만들어 버린다.

　그래서 낱낱이 손으로 잡아떼거나 소금·석회·빙초산들을 뿌리며 안간힘을 다 써 봤으나 검질긴 놈들이 끄떡하지 않는단다. 일본·캐나다·덴마크에서도 난데없이 나타난 녀석들이 굴 양식장을 거덜 내기에 방제법을 찾느라 속을 끓이는 중이라고 한다. 또한 유생 때는 어패류의 먹이가 되지만 수시로 성체를 잡아먹을 포식자는 불가사리 외에는 알려지지 않았다. 온 세상이 이렇게 놈들을 다 못 죽여 난리법석인데 유독 우리나라서만 그 수요가 늘어나 멍게와 함께 양식하는 판이다. 세상 영 고르지 않구려!

'늪의 무법자'라 불리는 힘쎈 어종

가물치

가물치를 글거리(글감)로 정하고 나
니 벼락같이 옛일 하나가 벌떡벌떡 날뛴다. 겨울이었다. 산후보혈
産後補血에 좋다는 팔뚝만하고 말쑥한 가물치 한 마리를 서울 경동
시장 어물점에서 샀다. 요새는 한약재를 넣고 달인 가물치 즙을
쉽게 살 수 있지만 그땐 그러지 못했다. 아니, 하도 비싸 사 먹지
못 했다는 말이 옳을 것이다.

지금 생각해도 옥죄는 마음에 온몸이 땀으로 죽 밴다. 스테인
리스 가마솥을 훨훨 타는 연탄불에 얹어놓고 세게 달군 다음 솥
바닥에 참기름 한 벌 두르고, 펄펄 덤비는 녀석을 확 집어넣고 솥
뚜껑을 후딱 덮는다. 눈을 꽉 감은 채 이를 사리물고, 두 손으로
있는 힘을 다해 꽉 눌러 버틴다. 녀석이 얼마나 힘이 센지 솥이 덜

거덩, 덜컥거린
다. 아뿔싸, 바닥
이 얼마나 뜨거
웠을까! 이제나
저제나 한참을
바락바락, 엎치
락뒤치락 펄떡

가물치

거리다가 이내 잠잠해진다. 후~. 한 솥 물을 붓고 푹 끓이니 고이
우러난 하얀 국물이 혈을 돕는단다. 산후 부기가 덜 빠진 마누라
는 비릿한 것을 후루룩후루룩 마신다.

가물치의 옛말은 '가모티'이고, 몸빛이 검기에 '흑어黑魚', '흑례黑
鱧'라 하는데, '검음'을 뜻하는 '가물'에 비늘 없는 물고기를 뜻하는
접미사 '-치'가 붙어서 가물치가 되었다고 한다. 또 머리가 뱀을
닮아서 사두어蛇頭魚라 부르기도 한다.

가물치Channa argus는 가물칫과에 속하는 민물고기(담수어)로 바
닥은 진흙이면서 수초가 많고, 천천히 흐르거나 고인 물에 살며,
큰 놈은 체장이 1미터에 무게가 7킬로그램 가까이 나간다. 육식
성 어종인지라 성질이 사납고 힘이 세서 '늪의 무법자'라고 불린
다. 가물치는 주로 아시아와 아프리카에 서식하는데 본종은 한
국·중국 동부·극동 러시아를 원산지로 여기며, 세분하여 한국
과 중국이 원산지인 *C. a. argus*와 극동 러시아가 원지인 *C. a.
warpachowskii*, 두 아종으로 구분하기도 한다. 서양인들은 가물

치^{Northern snakehead}의 머리가 뱀을 닮았다 해서 'snakehead'라 한다.

체색은 서식 환경에 따라 누르스름하거나 흑갈색이고, 배 양편에는 검은 반점이 얼룩덜룩 난다. 지느러미에는 가시가 없고, 등지느러미가 아주 길고 크다. 등지느러미는 연조^{軟條, soft ray}(연한 뼈)가 49~50개이고, 꼬리지느러미는 31~32개이다. 머리는 작은 것이 앞이 아래위로 눌렸고, 입은 아주 크며, 턱엔 억센 이가 띠처럼 둘러나고, 큰 어금니가 나 있다. 무엇보다 위턱의 중간에 두 개의 작은 콧구멍이 뚫렸으니, 이렇듯 있는 둥 만 둥한 것을 빗대어 '가물치 콧구멍'이라 한다.

가물치는 물고기를 먹고 사는 어식성^{魚食性, piscivorous}이지만 갑각류나 양서류도 먹는다. 치어는 물벼룩^{water flea} 등을 먹지만 좀 자라면 잔고기는 물론이요, 개구리도 먹으며 굶주리면 병든 친구나 제 새끼까지 마구잡이로 먹는다니 육식 동물들에게 흔한 동족 살생^{cannibalism}이다.

그리고 보통 때는 물속에서 아가미 호흡을 하지만 물이 마르거나 매우 탁해지면 아가미 곁에 있는 1쌍의 특수 대용 호흡기^{accessory respiratory organ}로 공기 호흡을 하는 질긴 물고기다. 그래서 물 밖에서도 10~15도에서 한 사나흘을 거뜬히 살 수 있고, 어린것은 땅 위에서 몸을 꿈틀거려 멀리 기어간다.

또한 5~8월에 물풀을 뜯어 모아 지름이 1미터 남짓한 물에 둥둥 뜨는 납작한 산란 둥지^{spawning nest}를 만들고, 거기에다 지름 2밀리미터쯤 되는 샛노란 알 7,000여 개를 한꺼번에 낳는데 암컷은

1년에 무려 10만 개의 알을 산란할 수 있다고 한다. 알의 난황이 흡수되고, 새끼가 8밀리미터가 될 때(부화 때)까지 아비어미들이 눈을 울부라리고 지킨단다. 체색은 치어나 성어가 비슷하고, 생후 2~3년이면 성어가 된다.

일제강점기에 일본인들이 식용 물고기로 우리 가물치를 일부러 일본으로 들여간 적이 있었다. 그런데 가물치는 최상위 포식자라 토종 물고기에게 아주 위협적이다. 우리를 혼쭐나게 하는 맹랑한 외래종 배스나 블루길처럼 억세고 거친 '가무루치^{カムルチー}'가 일본 본토의 평야 지대를 야금야금 죄다 평정하고, 근래에 와선 홋카이도(북해도)에도 나타났다고 한다. 토종을 싹쓸이 해대니 악명 높은 놈 취급을 받기 마련이다.

미국에는 2002년 메릴랜드 주에서 처음으로 알려졌다고 한다. 그런데 그 가물치를 추적해 봤더니만 누군가 뉴욕 어시장에서 성어 2마리를 사서 근처 연못에 넣은 것으로 밝혀졌다. 워낙 공격적인지라 생태계 보존을 위해 물고기 살생용 로테논^{piscicide rotenone}까지 연못에 뿌려 봤으나 별무소용, 막판에 연못물을 빼어서 성어 2마리와 100여 마리 치어를 소탕했다고 한다. 하지만 해마다 미국 전역에서 잇따라 여기저기에서 잡힌다 하고, 심지어 오대호 근처에까지 근접하기에 이르렀다 한다.

어디 그뿐일라고. 미국만도 아시아 잉어가 강을, 미더덕이 바다를, 아시아 갈대가 오대호까지 머뭇거림 없이 어마어마하게 퍼져나가는 모습을 보고 공포에 질린 미국 언론들은 "아시아가 미

국을 점령하고 있다"고 이야기하기도 했다. 우리나라만 외래종에
골치를 앓고 있는 것이 아니라 세상이 온통 다 그렇다는 거지. 생
물은 국경이 없으니 산 설고, 물 선 곳이라도 뿌리내려 정붙이고
살면 거기가 바로 고향이다. 안 그런가?

풍부한 영양소를 지닌 바다 채소

다시마

요새 와서 다시마는 전복 먹잇감으로도 이름났다. 우리나라 다시마 양식 단지가 주로 완도 등 전남 해역에 널려 있는 것도 전복 양식과 무관하지 않다. 다시마 덕에 전복까지 키워서 먹을 수 있게 되었다. 다시마에 많이 든 알긴산alginic acid은 갈조류의 세포막을 구성하는 다당류로, 포유류는 알긴산 분해 효소가 없어 이것을 이용할 수 없으나 전복 따위의 해산 복족류는 그 효소가 있어 다시마 같은 해초를 상식常食한다.

다시마*Saccharina japonica*는 갈조류, 다시마과의 찬 바다(한해寒海) 식물로 몸체(잎/엽상체)는 얇고 넓은 띠 모양이고, 덩이진 밑동 줄기는 굵다. 해초seaweed의 하나로 황갈색 또는 흑갈색으로 수용성 식이섬유 때문에 미끈거린다. 그 점성은 포식자를 막는 것 말고도 세찬 해류/파도의 저항을 줄여 준다. 다시마의 학명은 *Saccharina japonica*인데 동의어로 *Laminaria japonica*가 있다. 또 다시마를 한자어로 '昆布(곤포)'라 하여 곤포 쌈·곤포 차·곤포 분말로도 먹는다.

다시마는 길이 1.5~3.5미터, 너비 25~40센티미터인 큰 바닷말(해조)로 잎사귀 모양을 한 엽상체^{thallus}는 포자를 만드는 포자체^{sporophyte}이고, 잎·줄기·뿌리의 구분이 뚜렷한 대형 다년생 해조류이다. 우리가 먹는 잎(엽상체/포자체)은 기다란 띠 모양으로 아래쪽이 넓고, 가운데는 두께 1.8~3.5밀리미터로 약간 두껍다. 잎 아래에 있는 자루 모양의 짧은 줄기로 곧추서고, 줄기와 잎 사이에 생장대가 있어서 위로 자라며, 가지를 많이 친 타래 뿌리(부착기^{附着器})는 바위 따위에 단단히 붙는다. 다시마는 일본 홋카이도·캄차카 반도·사할린 등 북태평양 연안에 20여 종이 수심 8미터에서 30미터 사이에 분포하고, 10미터가 넘는 헌걸찬 대형 종도 있다. 우리나라에는 참다시마^{S. japonica}, 애기다시마^{S. religiosa}가 있고, 예부터 우리를 비롯하여 일본, 중국에서 식용해 왔다. 또 바다 밑바닥 '다시마 숲'은 어류를 포함하는 여러 동물들의 먹이·서식처·은신처·산란처가 된다.

해조류마다 사는 자리가 달라서, 파래, 청각처럼 해안 가까이에 나는 녹조류^{green algae}, 그보다 조금 깊은 곳에 사는 다시마나 미역 같은 갈조류^{brown algae}, 아주 깊은 바다에서 자생하는 김이나 우뭇가사리 같은 홍조류^{red algae}가 있다. 참고로 식물에는 '자생'을,

동물은 '서식'이란 단어를 쓴다. 일테면 '식물의 자생지', '동물의 서식처'로 쓴다는 말이다.

다시마 성분은 어림잡아 수분 16퍼센트·단백질 7퍼센트·지방 1.5퍼센트·탄수화물 49퍼센트·무기염류 26.5퍼센트 정도다. 탄수화물의 20퍼센

© Alice Wiegand
다시마

트는 섬유소이고, 나머지는 다당류인 라미나린·만니톨·알긴산이며, 요오드(아이오딘iodine)·칼륨·칼슘·셀레늄·비타민 B₂와 글루탐산 등의 아미노산이 들어 있어 슈퍼 식품super food으로 통한다.

'바다 채소'인 다시마에 든 카로티노이드·크산토필·엽록소 등의 색소와 풍부한 식이섬유소, 라미닌 아미노산은 콜레스테롤 저하·동맥경화 예방·고혈압 예방에 효과가 있을뿐더러 배변을 도와서 변비에 보탬을 준다.

다시마(잎) 조각의 앞뒤에 되직하게 쑨 찹쌀 풀을 발라 빠닥빠닥 말렸다가 기름에 튀긴 부각(다시마 자반)은 바삭바삭하고, 잘게 썬 다시마에다 북어 토막이나 멸치를 섞어서 간장에 조린 다시마 조림은 오독도독 씹히며, 깨끗하게 씻어 싸 먹는 다시마 쌈은 미끈하면서 질깃한 게 식감이 좋다.

한 해에 해초를 4킬로그램이나 먹는다는 일본 사람들은 다시마를 가루 내거나 그것을 동그랗게 환을 만들어 먹는다. 일본인

이케다 기쿠나에^{Ikeda Kikunae}가 다시마에 많이 함유돼 있는 글루타메이트^{glutamate}를 분리하여 감칠맛 나는 L-글루타민산나트륨^{Monosodium glutamate, MSG} 조미료를 개발하기도 했다.

다시마는 한국 말고도 일본·북한·중국·러시아·프랑스 등 여러 나라에서 둥둥 띄운 굵은 밧줄^{floating rope}에 달라 붙어 양식한다. 12~3월에 어린 포자체(유엽幼葉)가 나와서 7월까지 성장한다. 1년생인 이 다시마는 아직 엽상체가 호리호리하고 작아서 상품 가치가 없다. 보통 다시마는 2년생부터 채취한다. 1년생인 다시마는 초가을에서 겨울까지 성숙한 다음에 홀씨(포자)를 방출하고, 여름에는 끝부분이 홀라당 녹아 버리고 밑동만 남는다. 늦가을부터 초겨울(재생기)에 이 옹근 밑동의 생장대가 다시 자라 2년짜리 잎을 만들어 다음 해 여름까지 매우 두꺼운 잎(엽상체)을 만들고, 이 두 해짜리 포자체도 어김없이 포자를 내보낸다.

방출된 홀씨는 한동안 물속에 떠다니다가 바닥에 착생하여 실 모양의 배우체를 형성한다. 수온이 10도 이하로 내려가면 암수 배우체^{gametophyte}에서 만들어진 알과 정자가 수정하고(겨울철이 추울수록 다시마의 생장이 잘됨), 수정란은 이내 현미경적인 새로운 어린 포자체(잎)를 만든다. 양식할 때는 앙증맞은 어린 배우체를 모찌기(채묘採苗)하여 수정시킨 뒤 어린잎이 싹틀 때 바다로 내보낸다.

그런데 근래 갑상선암을 수술한 지우^{知友}한테서 들은 이야기가 나의 의학 상식을 송두리째 깨뜨려 버렸다. 다시마 등의 해조류를 과식하면 되레 갑상선암에 걸린다니 말이다. 갑상선^{thyroid gland}의

티록신^{thyroxine} 호르몬 합성에 쓰이는 해초 요오드를 과잉 섭취한 탓이란다. 아무리 몸에 이롭다 해도 넘쳐 좋은 것이 없으니 이 또한 과유불급^{過猶不及}이로다.

쫄깃쫄깃한 식감이 최고인 으뜸 건강 식품

꼬시래기

저녁 밥상에 생전 가도 먹어 본 적
이 없는, 쫄깃쫄깃한 식감을 내는 서툰 해초(바닷말) 무침이 올랐
다! 내 성미로는 이름 모르는 음식을 먹는 것은 차마 생각하기조
차 어렵다. 꼬치꼬치 캐묻기도 전에 집사람이 미리 내 마음을 선
뜻 알아차리고 비웃기라도 하듯 대번에 '꼬시래기'란다. 50여 년
을 한솥밥을 먹었으니 '척 하면 삼천 리'로 어감이나 눈빛만 보고
도 어렵지 않게 내 마음을 읽는 거지. 피차 '입의 혀 같다'는 말이
더 옳을 듯하다.

사실 이름은 알았지만 먹어 보기는 여태 처음이란 생각이 든
다. 파래·청각·톳·미역귀 따위의 무침은 자주 먹었지만 난데없
는 꼬시래기 무침은 먹은 기억이 영 안 난다. 어느 해초치고 갑상

선 호르몬 성분인 요오드와 항산화 물질이 담뿍 들지 않은 것이 없다 한다. 산후에 미역국을 먹일 정도로 바다풀(해초)은 '피를 맑게' 하는 식품으로 알아 주고, 일본 사람들이 장수하는 데에도 한 몫을 한다는 바닷말(해조)이 아니던가. 그러나 앞서에도 말했듯이 해조류는 어느 것이나 어김없이 요오드가 푸져서 일테면 갑상선 치료를 받는 사람은 조심해야 한다.

그리고 어느 요리 전문 월간지가 뽑은 우리나라의 으뜸 10대 건강 식품 중에 꼬시래기를 넣었더라. 지방과 탄수화물의 함량이 적은 반면 칼슘·철·β-카로틴이 걸다. 지방 축적을 미리 막고, 독소나 찌꺼기(노폐물)를 없애며, 식이섬유가 많아 변비, 대장암을 지레 예방하고, 칼슘이 많아 골다공증에 좋으며, 타우린 아미노산이 듬뿍 들어 피로 회복이나 간 해독에도 좋다 하고, 체내 중금속 배출에도 효과가 있다고 한다.

꼬시래기*Gracilaria verrucosa*는 세계적으로 큰꼬시래기*G. gigas*, 잎꼬시래기*G. textorii* 등 10속 240종이나 된다 하고, 일본·하와이·필리핀 등지에서는 우리보다 더 다종다양하게 요리 재료로 쓴다고 한다. 또 아시아·미국·아프리카·오스트레일리아·뉴질랜드 등지에서 인공 양식하고, 우리나라에서도 양식에 성공했다고 한다. 그래서 우리 집 밥상에도 새롭게 등장한 것이 아닌가 싶다. 본 종은 한국·일본·사할린·쿠릴 열도 등 냉수대에 자생한다.

꼬시래기는 검은 자줏빛이거나 어두운 갈색인 홍조류로 한자어로 '江籬(강리)'라 부르고, 우리나라 남해안 일부 지역에서는 '꼬시락'이라고 부른다. 그런데 부산 지방에서는 강어귀에 두루 나는 바다 물고기인 문절망둑(문절어 文䲁魚)을 꼬시래기라 부르고, 그곳 사람들은 그것을 회로 꽤나 즐긴다.

꼬시래기의 줄기는 지름이 1~3밀리미터인 곧은 노끈 모양새로 깃꼴(우상羽狀) 가지를 많이 치고, 뭉쳐 다발을 이룬다. 부언하면 줄기는 산발한 머리카락 같고, 굵은 실 같아서 'sea string'이라 부르며, 보통 20~30센티미터 정도 자라지만 크게는 얼추 2~3미터까지 자라는 것도 있다. 몸통(줄기)은 작은 쟁반 꼴의 뿌리에서 뭉쳐 나고, 줄기에서 뻗어 나온 철사 모양의 가지들은 한쪽으로 치우쳐 자라기도 한다. 무엇보다 초식성 어류나 전복 따위의 고둥 무리(복족류)의 먹잇감이 된다. 조간대의 돌이나 조개껍데기들에 붙고, 강물이 바다로 흘러드는 얕은 바닷가의 자갈이나 말뚝에도 붙으며, 난바다(외해)의 암초에서도 자란다. 특히 바다가 육지 속으로 파고들어 온 곳(만)에 큰 군락을 이루고, 간혹 엄청 큰 개체들이 난다. 또 자생하는 장소에서 떨어져 나온 줄기는 성장이 더 빨라서 보통 부착하는 것들보다 굉장히 길고 크다.

꼬시래기는 무침이나 볶음으로 먹는데 쌀뜨물에 데삶아 초고추장에 버무려 먹는 것이 퍽도 향기롭고 맛난다 하고, 무엇보다 우무(한천寒天, agar)를 만들 때 우뭇가사리와 섞어 쓴다. 초봄부터 늦가을까지가 제철이고, 바다에서 캔 것을 물에 데치면 붉은색 색소인 피코빌린phycobilin이 파괴되어 버리고 녹색 엽록소가 남아 어두운 초록색(암녹색)으로 바뀐다.

다른 해조 이야기를 보탠다. 때론 집사람이 도통 이름조차 아주 낯선 '세발나물'이라 부르는 갯가 식물(염생식물^{鹽生植物})을 사온다. 이른 봄에 우

갯개미자리
© Forest Starr_Kim Starr

리나라 서남 해안에서 캐서 나물로 무쳐 먹는데 오돌오돌 씹히는 맛이 된장과 어울려 개운하고 깊은 맛을 낸다. 세발나물은 잎이 둥글고 가늘며 여러 마디로 뻗어 자란다. 그런데 세발나물이란 각 고장에서 쓰는 말(향어)이고, 갯개미자리 *Spergularia marina*가 옳은 우리말 이름(국명)이다. 갯개미자리는 석죽과의 쌍떡잎식물로 한해살이 또는 두해살이 꽃식물이다. 갯벌 근처 바위틈에서 자라고, 키는 10~20센티미터로 줄기 아래쪽은 여러 갈래로 갈라진다. 잎은 마주나고, 가늘고 통통한 다육성으로 끝이 뾰족하며, 여러 마디로 뻗어 자란다. 봄여름에는 밝은 녹색을 띠다가 가을이면 갈색으로 말라 죽는다.

줄기는 밑에서 가지가 갈라지고, 높이 10~20센티미터 정도로 자란다. 5~8월에 잎겨드랑이에서 흰색 꽃이 달리는데 꽃잎은 5개로 좁은 달걀을 거꾸로 세운 모양(도란형^{倒卵形})이고, 꽃받침도 5개이다. 열매는 긴 열매 줄기 끝에 달리고, 익으면 세 갈래로 갈

라진다.

　옛날에는 세발나물을 후진 것으로 알아 별로 쳐주지 않았다고 하는데 요새 와서는 일품으로 취급하기에 이르렀다. 전라남도 해남 지방에서 국내 최초로 간신히 인공 재배에 성공하여 농가 목돈 벌이에 짭짤하게 한몫을 한다고 한다. 바닷말이나 갯가 식물도 이제 키워 먹는 세상이다.

2부

시끌벅적
활기차게
살아가는
이웃들

다부지고 활기찬 떠버리 새

직박구리

삼십 년도 훨씬 넘은 예전에 대만에 갔을 때의 일이다. 꼭두새벽에 삐익! 삐익! 여러 마리가 교대로 귀 따갑게 울어 젖히던 새를 만났었다. 녀석이 다름 아닌 '떠버리(수다쟁이) 새'로 유명한 직박구리인 것을 나중에야 알았다. 그때는 거기서만 사는 대만 텃새로 알았다. 왜 이렇게 별것 아닌 일이 쉬이 잊히지 않고 두고두고 오래 뇌리에 남아 있는 것일까. 자꾸 그 새(소리)를 되새기게 하는 일이 벌어지는 탓이렷다!

그런데 35년 전 필자가 교수로 춘천에 터를 잡았을 적만 해도 아예 꼴도 볼 수 없었던 직박구리가 요새 와서는 들입다 골목대장처럼 설친다. 물론 시골(경상남도 산청)에서는 늘 봤던 놈으로 지금도 우리 동네 밭이나 산자락에 마구 나댄다. 이른바 기후 온난화로 한껏 북진北進한 때문이리라.

원래는 겨울이면 떼를 지어 남으로 이동하는 철새였으나 지금은 많이 북으로 이동하여 월동을 한다. 한국·일본·대만·중국·러시아 동부·필리핀 등지에 서식하는 텃새(유조留鳥)인데 일본에서는 우리나라나 필리핀보다 흔하고, 대만에는 아주 드문 편이라 한다. 또한 우리나라에서는 중부 이남에 흔하고, 번식 한계는 평안남도 이남 지역이다.

한마디로 잠시도 가만히 있지 못하는 다부지고 활기찬 새다. 요즘도 샐녘부터 아파트 단지에서 "삐-잇, 삐-잇, 삐비빗, 삑 삑, 삐삑빅, 삣 삣", 앙칼진 목소리로 고래고래 고함을 지른다. 시도 때도 없이 꽥꽥거리니, 하도 시끄러워 나도 모르게 '좋은 노래도 한두 번이지'란 말이 입에서 나올 판이다. 어쨌거나 온 동네가 떠나갈듯이 쩌렁쩌렁, 소리 울림이 어둠을 휘저을 정도로 시끄럽게 울어 젖히는 울대 좋은 새다. "일찍 일어나는 새가 벌레를 잡는다"고 했던가.

직박구리Hypsipetes amaurotis는 참새목, 직박구릿과의 몸길이 28센티미터 정도로 우리나라 붙박이 새다. 산자락의 숲이나 도시 공원, 농촌 마을에 널리 살며, 귓가에 소복이 벋친 귀깃(이우耳羽)이 갈색이기에 'brown-eared bulbul'이라 부른다. 여기서 'bulbul'이란 참새목인 연작류燕雀類를 통칭하고, 모든 새 종수의 거의 반 가까이가 이들 참새목에 속한다. 직박구리는 길쭉하고 예리한 부리에 초롱초롱하고 또록또록한 눈알이 아주 영리해 보이며, 산비둘기보다 작고 갸름하다. 깃털들은 하나같이 끝이 뾰족뾰족 곧추서 있다. 눈은 세피아 갈색, 부리는 뿔빛 흑색, 다리는 흑갈색이다.

© Laitche

직박구리

머리·등짝·가슴은 회색이며, 날개와 꼬리는 회갈색으로 머리 꼭대기에 머리 깃털인 도가머리(우관羽冠)가 있는 듯 만 듯하다.

공중을 날면서도 소리를 내지르는 새로 날개는 짧고 둥글며 꼬리는 긴 편이다. 매끈한 날개를 몸통에 짝 달라 붙이고 허위허위 파도 모양의 곡선을 그리며 날렵하게 나는 날쌘돌이다. 목욕하기를 좋아하는데, 무척 영리한 터라 한 마리가 잽싸게 멱을 감으면 다른 녀석은 망을 선다.

직박구리는 아침저녁 무렵에 활발히 활동한다. 또 고도 1,600미터의 고산에도 사는 놈으로, 여름엔 높은 산으로 올라가지만 겨울에는 평지로 내려와 마을 언저리에서 3~6마리씩 무리 짓는다. 드센 까치도 쪽도 못 쓰게 몰아내니 텃세를 세게 부리는 성깔 있는 남다른 새다.

직박구리는 잡목림이나 활엽수림에서 생활하며, 우리나라에서는 겨울에 울음소리를 들을 수 있는 몇 안 되는 새이다. 주로 나무 위에서 생활하고 땅에는 여간해서 내려앉지 않는다. 최근엔 도심에도 흔하며, 다른 새들에 비해 되레 개체 수가 사뭇 느는 추세다. 번식은 5~7월에 하며, 대체로 지상에서 1~5미터 높이의 무성한 나뭇가지 사이를 비롯하여 칡넝쿨이 헝클어지게 감긴 숨기 쉬운 나무에 보금자리를 튼다. 나뭇가지·나무껍질·고사리·풀 줄기·풀 잎사귀·나무뿌리를 써서 종지 모양의 둥지를 틀고, 알자리(난좌卵座)에는 낙엽을 두껍게 겹깔고, 그 위에 보드라운 풀 줄기나 풀뿌리를 들여놓고 4~6개의 알을 낳는다. 알은 회백색 바탕에 적갈색이나 회백색의 반점이 있다.

필자는 졸지에 새로운 일거리로 심심할 틈이 없게 생겼다. 아니, 뜻밖의 행운을 만났다! 역시 직박구리나 까마귀는 외지고 으슥한 깊은 산골짜기에다 둥지를 틀기에 관찰하기가 어렵지만 까치나 어치(산까치)는 인가 가까운 나무에 집짓기를 하니 산란 생태를 쉽게 본다. 느닷없이 내 글방 베란다 앞에 있는 단풍나무의 일종인 신나무에 산까치 한 쌍이 숨 가쁘게 줄곧 들락거린다. 집지을 나뭇가지를 물어 나르느라 한참 동안 바쁘기 그지없다. 조심성이 있어 일단 근방의 나무에 오도카니 앉아 고개를 기우뚱거리며 모들뜬 매서운 눈초리로 사방을 둘러본 다음에 자못 미덥다 싶으면 제 집으로 쏙 날아든다. 이제 와 뜸해진 것을 보니 아마도 보금자리 만들기가 끝나고 알을 품지 않았나 싶다. 새끼치기가 끝날 때까지 가까이서 지켜볼 참이다.

직박구리는 봄엔 꽃꿀(화밀花蜜), 꽃잎 등을 먹고, 여름엔 곤충이나 거미류 등 동물성을, 겨울철에는 동백나무의 꽃물이나 홍시, 찔레나무 열매를 먹는다. 암튼 채소는 물론이고 과수원의 귤이나 사과, 배를 쪼아 먹기에 아예 해로운 새(해조^{害鳥})로 취급당한다.

그리고 직박구릿과의 새는 세계적으로 11종이 밝혀졌으며, 우리나라에도 검은이마직박구리*Pycnonotus sinensis* 한 종이 더 발견된다. 서해안 섬에서 주로 관찰되는 매우 드문, 길 잃은 새(미조^{迷鳥})로 주로 중국·베트남·대만·오키나와에서 산다. 머리 꼭대기와 턱은 검은색이고, 눈 뒤에서부터 뒷목 윗부분까지 흰색의 큰 무늬가 있으며, 귀깃은 짙은 색이다. 멱(목의 앞쪽)은 흰색이고, 눈은 어두운 갈색이거나 검은색이다.

이거야 원, 여태 다룬 새 이름인 '직박구리'의 본뜻을 도통 찾을 길이 없으니 답답하기 그지없다. 어디 직박구리만 그렇다면 말을 않겠다.

울음이 예쁜 일본의 나이팅게일

휘파람새

휘파람이란 보통 기분이 좋을 때나 누굴 몰래 불러낼 때 부르기도 하는 입 피리다. 두 입술을 좁게 오므리고 혀끝으로 입김을 불거나 손가락을 입속에 넣고 숨을 내쉬거나 들이마셔서 소리를 낸다. 물질하는 좀녀(해녀)들이 깊은 바다에서 해산물을 캐다가 숨이 턱까지 차오르면 서둘러 물 밖으로 나오면서 '휘~' 가쁘게 내쉬는 '숨비소리'도 휘파람 소리다. 하도 휘파람을 안 불었더니만 입술이 뻣뻣하게 굳어 버려 제대로 소리가 나질 않는다. 용불용use and disuse이라, 몸이나 머리나 하나같이 쓰면 발달하고 안 쓰면 퇴화한다.

'휘파람' 하면 문득 가수 정미조의 「휘파람을 부세요」란 노래가 떠오른다. "제가 보고 싶을 땐 두 눈을 꼭 감고 / 나즈막히 소리

내어 휘파람을 부세요 / 외롭다고 느끼실 땐 두 눈을 꼭 감고 / 나즈막이 소리 내어 휘파람을 부세요……." 37년 만에 돌아와 다시 노래를 부른다는 정미조 박사시다!

그런데 휘파람새^{Cettia diphone}는 5월 초순경이면 뻐꾸기나 꾀꼬리보다 먼저 불원만리^{不遠萬里}를 날아온다. 오늘도 뒷산 기슭 나무숲에서 수컷들은(암컷은 음치임) 한창 목청 높여 간간이 경쾌하게 울어 젖힌다. "호오오오오 히호힛, 히호힛, 호, 호케이요" 하고 천변만화^{千變萬化}로 입이 째지라 부리를 쫑긋 벌리고 시끌벅적 우짖어댄다. 감히 필설^{筆舌}로 흉내조차 낼 수 없는 낙랑하고 청아한 소리로, 쩌렁쩌렁 동네가 떠나가게 지저귄다. 줄곧 세력권(텃세)을 지키고, 암컷을 꼬드기느라 그렇게 떠들썩하게 사랑 노래^{breeding call}를 부른다.

조막만한 그 작은 몸집에서 어찌 그리 우렁찬 소리를 내는지. 슬프도록 아름답다고나 할까. 매일 들리는 산 능선 길의 큰 넓은 잎나무(활엽수)에서 오직 소리로만 만날 뿐이다. 워낙 작은지라 빼곡히 난 나뭇잎에 가려 이제나저제나 눈이 빠져라 올려다보건만 좀체 꼴을 볼 수 없다.

척추동물 중에서 양서류와 포유류만 성대가 있고, 어류와 파충류는 숫제 발성기^{發聲器}가 없다. 조류는 기관^{氣管}에서 두 기관지로 갈라지는 자리 양쪽에 얇은 울대(명관^{鳴管, syrinx}) 근육이 있으니 그것을 떨어서 기막히게 아름다운 새소리를 낸다. 특히 참새 무리에 속하는 명금류^{鳴禽類}들이 곱고 예쁜 소리를 낸다.

© Alpsdake

휘파람새

일본에서도 휘파람새Japanese bush warbler를 제비와 함께 봄의 전령사로 여기고, 이 새를 잡아 새장에서 키우며, 하도 울음이 예뻐서 '일본 나이팅게일Japanese nightingale'이라 부를 정도로 칭찬이 자자하다. 또 그들은 휘파람새 똥에 피부 미백과 주름을 없애 주는 효소가 있다 하여 오랜 세월 미용에 써 보기도 했다.

그런데 이 새가 뻐꾸기보다 훨씬 일찌감치 날아오는 까닭은 탁란托卵하는 뻐꾸기의 기생寄生을 피하기 위해서이다. 그러나 늦게 알을 낳을 때는 뒤따라오는 뻐꾸기common cuckoo에게 대뜸 당한다. 여기서 탁란이란 어떤 새가 다른 새의 둥우리에 알을 맡기는(위탁하는) 것을 말하는데 가장 잘 알려진 탁란조에는 두견과의 뻐꾸기·벙어리뻐꾸기·매사촌 등이 있다.

저 뻐꾸기 암놈의 거동 좀 보소! 붉은머리오목눈이(뱁새) 어미가 집을 비운 낌새를 냉큼 알아챈다. 마침내 저만치서 호시탐탐 노리고, 엿보던 치졸한 얌체 뻐꾸기 암놈이 알 하나를 허둥지둥 낳고는 허겁지겁 내뺀다. 또 알에서 깨어난 뻐꾸기 새끼의 사위스럽고 살 떨리는 살생 행위는 꽤 잘 알려져 있다. 영문도 모르고 날개 빠지도록 뻐꾸기 새끼를 걷어 먹이는 꼬마 뱁새 어미렷다.

휘파람새는 참새목, 휘파람샛과로 높고 맑은 울음소리로 잘 알려진 새인데 우리나라 휘파람샛과에는 그만그만한 휘파람새·제주휘파람새*C. d. cantans*·숲새*Urosphena squameiceps*·개개비*Acrocephalus arundinaceus*들이 있다. 휘파람새는 몸 빛깔이 어둡고 흐린지라 귀티 나고 맵시로운 새라고 말하기는 좀 뭐하다. 대신 소리로 한몫을 하니 보상이 따로 없다.

이 새는 참새보다 조끔 큰데 수컷이 고작 16센티미터 남짓이고, 암컷이 약 13센티미터로 수놈이 좀 더 크다. 머리·이마·등은 회갈색이고, 배는 회색을 띤 흰색이다. 하얀 눈썹선이 있고, 눈조리개(홍채)는 붉은빛을 띤 갈색이다. 다리는 매우 튼실하고, 살구색의 굵은 발톱은 활처럼 휘 굽었다.

농경지 부근의 물가·야산의 덤불·호수나 하천 주변의 갈대밭에 많고, 나무 위에 은밀하게 숨어 사는 여름 철새이다. 일 년 내내 뿔뿔이 혼자 지내다 산란철에 만나거나 암수가 함께 살고, 일정한 자기 영지를 갖지만 그 테두리는 비교적 좁다. 몸을 발랄하게 좌우로 움직이고, 주로 나무에 머물지만 높은 우듬지에는 앉지 않는다. 먹이는 딱정벌레·나비·매미·파리·벌 등과 그 애벌레들이다.

둥지는 떨기나무(관목灌木) 가지 위에 풀잎을 써서 럭비공 모양으로 짓고, 옆구리나 위쪽에 출입문을 내며, 알자리에는 보드라운 풀줄기나 갈잎, 새 깃털 따위를 깐다. 5~8월에 적갈색인 알 네

댓을 낳아, 한 보름 동안 암컷이 품고, 새끼 치성致誠도 한다. 일부 다처polygynous로 한 마리의 수놈이 여러 암컷과 짝짓기를 하는데 한 철에 많게는 예닐곱 마리의 다른 암컷과 교미한 기록이 있다 한다.

한국·일본·중국 동북부·사할린에서 중국 동남부에 이르는 동아시아 지역에서 번식하고, 중국 남부와 대만, 필리핀까지 내려가 겨울을 난다. 우리나라 제주도를 비롯한 일부 남해안이나 일본 남부에서는 텃새로 생활하기도 한다. '섬휘파람새'라고도 부르는 제주휘파람새Korean bush warbler는 휘파람새의 아종으로 일본 본토와 우리나라 제주도가 대표적인 서식지로 알려져 있다. 다른 새들이 그렇듯이 휘파람새도 사는 지역에 따라 우는 울음소리가 조금씩 다르니, 일종의 사투리를 쓰는 셈이다.

골칫거리가 된 평화의 상징

비둘기

중요한 나라 행사가 있는 날에는 평
화의 상징인 비둘기를 날렸다. 비둘기는 전 세계적으로 300여 종
이 살고 있고, 우리나라에도 7종이 있는 것으로 알려져 있다. 우
리나라에는 공공장소에 흔히 보는 집비둘기*Columba livia var. domestica*,
몇 마리 안 되는 양비둘기*C. rupestris*, 울릉도·흑산도·제주도 등 섬
의 흑비둘기*C. janthina*, 산비둘기라고도 불리는 멧비둘기*Streptopelia
orientalis*, 홍도 등 서해 오도西海五島에 사는 소수의 염주비둘기*S.
decaocto* 옛날에 길 잃은 새(미조)로 드물게 채집된 적이 있는 홍비
둘기*S. tranquebarica*와 녹색비둘기*Sphenurus sieboldii*가 서식한다.

그런데 집에서 많이 키웠던 집비둘기*domestic pigeon*는 야생 비둘
기*C. livia*를 길들여 사육한 것이다. 그리고 집비둘기는 본래 산비둘

기와 같이 날렵하였으나 요샌 도시 공원이나 길거리에서 사람들이 던져 주는 과자나 빵 부스러기를 질리도록 잔뜩 먹어 보통 비둘기보다 오동통 살이 올라 비만 비둘기가 되었으니 이들을 '닭비둘기'라거나 '돼비둘기'라 일컫는다. 그런데 아무 데나 마구 나대면서 지저분하게 똥을 싸고, 널브러지게 깃털을 날리니 그만 밉상을 받아 퇴출될 위기에 처하고 말았다.

이야기의 주인공인 멧비둘기oriental turtle dove/rufous turtle dove는 비둘깃과의 조류로 몸길이 33센티미터로 썩 날씬하고, 암수가 어슷비슷하여 좀체 구별이 어려우며, 날개 길이가 19~20센티미터인 매우 흔한 텃새이다. 몸통에 비해 머리가 작고, 적자색인 다리도 짧아서 땅딸막하다. 머리·목·가슴은 연한 황갈색이고, 등·허리·꼬리·날개는 잿빛이며, 쐐기wedge 모양을 한 꽁무니 끝에 흰 띠가 있다. 목 양쪽에 파란색의 굵은 세로무늬가 있고, 배는 옅은 적갈색이 도는 연한 회백색이며, 부리는 어두운 회색이고, 홍채는 등황색이다. 사방을 두리번거리며 자박자박 걸을 때는 머리를 앞뒤로 까닥거리고, 후다닥 날갯짓을 할 때는 상대를 겁주는 "핏핏핏핏핏" 금속성을 낸다.

멧비둘기는 한국·일본·중국 등 동아시아 전역에서 텃새로 살고, 일본 북부·러시아·몽고 등지에서는 여름에만 들리는 여름 철새이다. 우리나라에서는 전국적으로 도시 공원·산림 가장자리·들판·경작지에 두루 산다. 풀씨나 추수 후의 벼·보리·옥수수·콩 등의 곡식 낟알과 나무 열매가 주식이지만 여름에는 메뚜기나 그

밖의 곤충류도 잡는다. 그러나 농작물을 축내기에 유해조수有害鳥獸로 포획 대상이다.

멧비둘기는 새끼를 치는 여름엔 숲에서 일부일처로 암수가 짝

© Ravi Vaidyanathan
멧비둘기

을 짓지만, 번식이 끝나면 수십 마리씩 우르르 무리를 이룬다. 짧은 만남에 긴 이별이라 하겠다. 마른 잔가지를 물어다 적당히 얼기설기 모아 접시 모양의 집을 퍼뜩 짓는데 다른 새집에 비하면 그저 짓다만 것처럼 매우 엉성한 모양새다.

짝짓기 때는 눈이 먼 수컷 놈이 짝을 놓칠세라 "구구 구구구", 그렁그렁 구르는 목소리로 속닥대고, 목의 깃털을 한껏 부풀리며, 연신 고개를 위아래로 움직이면서 온몸으로 암놈을 채근하며 부추겨 꾄다. 산란기는 2~7월이고, 한배에 순백색의 알 두 개를 낳으며, 1년에 2~3회까지도 번식한다. 알 품기는 15~16일 간으로 암수가 네 시간씩 번갈아 가며 품는다.

비둘기 무리는 특이하게 암수 어미의 모이주머니crop 벽에서 하얀 암죽(우유) 같은 젖crop milk을 만들어서 새끼에게 꾹꾹 토해 먹이니 이를 '비둘기 우유pigeon milk'라 한다. 말하자면 비둘기의 육아식育兒食인 셈이다. 새끼는 열흘 남짓 지나면 씨앗 등의 딱딱한 먹이를 먹고, 부화된 지 한 보름이면 둥지를 떠난다.

예로부터 멧비둘기는 꿩과 함께 잡도록 허락된 사냥새(수렵조狩獵鳥)였다. 멧비둘기를 잡아먹는 포식자에는 포유류인 오소리와 맹금류인 매, 올빼미들이 있다. 그런가 하면 어치란 놈이 멧비둘기 알과 어린 새끼들을 잡아먹는다고 한다.

멧비둘기는 나름대로 몸이 실팍져서 살코기가 푸지고 맛나서 옛사람들이 좋아하였다지만 유독 어린아이나 미혼자들에게는 주지 않았다. 그것은 멧비둘기가 알을 단 2알만 낳기 때문이어서 그랬단다. 그때 그 시절엔 누구나 자식을 여럿 두었기에 자녀를 둘만 둔다는 것은 죄를 짓는 일로 여겼다. 다다익선이 따로 없었다. 한데 어째서 요새 사람들은 종족 보존 본능을 깡그리 잃어 가는지 까닭을 모르겠다. 천하에 그런 고얀 짓을 하다니.

독자들은 주변 야산 나무나 동네방네 전깃줄에서 수컷 멧비둘기가 처량하게 울고 우는, 구슬픈 시름에 잠긴 4음절의 울음소리를 들은 적이 있을 것이다. 애잔하고 비통하다고나 할까, 아니면 청승맞다고나 할까. 암컷을 꼬드기겠다는 사랑 노래가 왜 그리도 애처롭고 한스럽게 들린담. 봄부터 여름까지 처연하게 "구우구우 구우구우", "풀꾹풀꾹 풀꾹풀꾹" 하고 운다는데 내 귀에는 이상스럽게도 "부꾹부꾹 부꾹부꾹"으로 들린다.

우리 어릴 적에는 수놈 노랫가락(울음 음률)에 맞춰 "계집 죽고 자식 죽고 서답빨래 언제 하노" 하고 따라 부르기도 했다. 함경북도에는 "어미 죽고 자식 죽고 장독 팔아 안장安葬하고 망건 팔아 술 사 먹고"라는 민요 「멧비둘기 우는 소리」가 있었다고 한다. 그야말로 다들 수놈 비둘기 울음소리가 죽은 어미, 자식이나 계집을 잊지 못하고 사무치게 그리워하는 애끓는 소리로 들렸던 게지.

귀소본능歸巢本能, homing instinct이 더할 나위 없이 센 문서비둘기(전서구傳書鳩, homing pigeon)는 통신용으로 널리 이용되었다. 그리고 비둘기 경주는 서유럽에서 가장 인기 있다고 하며 경주용 비둘기 racing pigeon 중에는 우리 돈으로 약 4억 5천만 원에 거래된 놈도 있다고 한다. 비둘기는 뇌 속에 있는 자장조직磁場組織, magnetic tissue 으로 지구 자기장을 탐지하여 1,000킬로미터까지 날아갔다가 되돌아오기도 한다.

인디언 추장의 머리 장식을 쓴 새

후투티

땅강아지를 즐겨먹는 대표적인 새
로 후투티*Upupa epops*가 있다. 후투티^{hoopoe}는 파랑새목 후투팃과의
조류로 흔하지 않은 우리나라 여름 철새이다. 후투팃과 중에서 유
일하게 현존하는 새로 세계적으로 아홉 아종이 있다고 한다. 아종
이란 생물 분류 단위로 종^{species}의 아래 단계를 뜻하며, 종으로 독
립할 만큼 서로 다르지 않은 종을 이른다. 그래서 보통 후투티의
학명^{學名}은 *Upupa epops*로 쓰지만 우리나라에 사는 후투티의 아
종명은 *U. e. saturata*이다.

이 새는 아주 너른 들녘에서 자주 만날 수 있고, 인가 부근의 논
이나 밭가·과수원·하천 둑에서 발견된다. 실은 필자도 달팽이를
채집하러 서해안 태안반도 쪽에 갔다가 탁 트인 들판에서 이 새

들을 처음 보고는 "야, 어쩌면 저리 멋지고 예쁜 새가 있을까!" 하고 감탄했던 기억이 아스라이 떠오른다. 아마도 땅강아지를 잡겠다고 설치고 있었던 게지. 후투티는 우리나라 중부 지방에 주로 서식하며, 동네 가까이 뽕나무 밭

후투티

© Artemy Voikhansky

에 흔히 나타나기 때문에 '오디새'라고 불린다고 한다.

후투티는 체장 25~32센티미터, 날개 길이 44~48센티미터, 체중 46~89그램으로 다부지게 생겼고, 부리는 검은색으로 가늘고 길어서 4~6센티미터에 달하며 아래로 약간 굽었다. 부리의 모양을 보면 그 새의 식성을 짐작할 수가 있으니 후투티는 먹이를 깊게 파서 잡아먹는 새다. 날개는 넓고 둥글며, 지상 3미터 정도로 나직하게 난다. 나는 속도가 느린 편으로 큰 나비가 날듯, 또 물결치듯 할랑거리며 날아간다. 머리와 목·등짝·날개깃·가슴팍은 황색이고, 날개·허리·꼬리는 검은색 바탕에 흰색의 넓은 가로 줄무늬가 있으며, 배 바닥은 희다.

머리 꼭대기에 뻗은 도가머리는 크고, 자유롭게 눕혔다 세웠다 하는데, 땅 위에 내려 앉아 주위를 경계할 때나 놀랐을 때는 빠짝

곧추세운다. 후투티는 우관이 인디언 추장의 머리 장식처럼 그럴 듯하게 보이는지라 '추장새'라고 부르기도 한다. 가끔 머리를 치켜들고, 날개와 꼬리를 쫙 펴서 일광욕日光浴, sunbathing, 사욕沙浴, sand bathing을 즐긴다.

다른 새들과는 달리 스스로 애써 둥지를 틀지 않고, 구새통(나무에 저절로 난 구멍)·돌담·딱따구리 집(나무 구멍) 등을 쓴다. 그러나 낡고 허름한 둥지를 여러 해 동안 연달아 쓰기도 한다. 번식은 4~6월이고, 번식하는 동안은 일부일처로 지내며, 4.5그램인 5~8개의 둥근 알을 낳아 암컷 혼자 16~19일 동안 지극정성으로 품고, 새끼 보살핌은 암수가 함께한다. 새끼는 부화한 지 20~27일 만에 보금자리를 떠난다.

주로 곤충이 먹잇감이지만 작은 도마뱀이나 개구리는 물론이고 곡식 낟알이나 산딸기를 먹기도 한다. 그들이 잡아먹는 곤충은 파리·거미·벌·귀뚜라미·메뚜기·매미·개미·개미귀신 등이며, 새끼들에게는 더할 나위 없이 영양가가 많은 땅강아지와 지렁이를 잡아 먹인다. 그리고 온통 둥지 주변에 덕지덕지 달라붙은 배설물을 치우지 않아 아주 더럽고 구저분하며, 새끼들도 둘레에 일부러 구질구질한 똥을 찍찍 깔긴다. 이렇게 보금자리가 추저분한 것은 나름대로 침입자를 막기 위한 별난 수단이요, 작전이다. 알을 품고 새끼를 키우는 동안에는 어미 몸에서 고기 썩는 역겨운 쿠린 냄새나는 점액을 분비하여 깃털에다 마구 문질러 포식자를 막을뿐더러 기생충이 꾀는 것도 예방한다. 그런데 신통하게도 새끼가 다 자라 떠나고 나면 분비물의 배출이 곧바로 그친다고 한다.

한국·아무르·사할린·중국·러시아 등지에서 번식하는 개체들은 남쪽에서 겨울을 나고, 중국 남부·베트남·말레이시아·아프리카 등지에서는 역시 텃새로 산다. 다시 말해 여름에는 우리나라에 와 번식하고 늦가을에 남쪽으로 간다. 그런데 정녕 이들 새의 본 고향인 안태본安胎本은 더운 남녘 지방이 아니라 태를 묻은 (태봉胎封) 바로 우리나라다. 재언하면 겨울 철새들은 단순히 겨울 추위를 피하고 서둘러 북으로 되돌아가지만 후투티 같은 여름 철새들은 한국이라는 터전에서 새끼치기를 하지 않는가.

한곳에 붙박이로 있지 않고 주변 여건 따위에 따라 이리저리 옮겨 다니는 사람들을 낮잡아 일러 '철새족'이라 부르며 제대로 대접을 하지 않는다. 하지만 철새 후투티들은 이번 여름에도 도처에서 탈 없이 새끼 치고, 고이고이 머물다가 갔으면 한다. 자네들 이듬해 다시 보세그려! 그러나 아마도 지금쯤 우리나라에 후투티 씨가 마르지 않았을까 싶은데…… 어디 성한 게 있어야 말이지.

후투티의 서양 이름이 hoopoe로 불리게 된 것은 울음소리가 3음절로, "후푸-후푸-후푸hoop-hoop-hoop" 하고 소리를 내기 때문이다. 그렇다면 우리나라 이름 '후투티'는 어디서 온 것일까? 갖가지 짓을 다했으나 내력을 찾을 길이 없으니 막막할 뿐이다.

후투티는 2008년에 이스라엘 국조國鳥로 지정되었다고 한다. 그럼 우리나라 국조는? 한때 한국일보에서 캠페인을 벌여 '까치'

로 의견을 모았으나 국가로부터 인정을 받지 못했다. 게다가 요새 와서는 해조 취급을 당하는 통에 오히려 총에 맞는 신세가 되고 말았다. 여북하면 한때 국민은행을 상징하는 새였으나 그 자리도 잃어버리고 말았을라고……. 나라꽃은 있으나 나라 새가 없는 우리나라다.

꽃물을 먹는 사회성 좋은 새

동박새

동박새*Zosterops japonicus*는 참새목 동박
샛과의 소형 조류로 우리나라 남부 지방의 해안가나 제주도와 울
릉도 등 섬 지방에 흔한 텃새다. 꽃 중에서도 동백꽃의 꿀을 좋아
하여 동백나무 숲에 많이 날아든다. 아마도 '동박새'의 '동박'은 이
새가 겨울 동백나무에 모여들어 동백 꽃물을 즐겨 먹는 탓에 붙
은 이름이리라. 동박은 동백의 방언으로 일부 지방에서 동백 기름
을 동박 지름으로 쓰는 것을 봐도 그렇다.

필자는 땅에 사는 달팽이를 찾아 우리나라 방방곡곡을 돌아쳤
다. 여름에는 풀숲이 우거지는 탓에 대형 종을 채집하고, 겨울이
면 소형짜리를 잡는다. 여관도 아닌 연탄 냄새 풀풀 풍기는 여인
숙에서 잠자고, 후줄근한 이른 아침에 맛동산 과자 한 봉지와 막

동박새

걸리 한 사발로 끼니를 때우고, 진종일 발품을 팔아 아등바등 휘저으며 헤집고 다녔다. 사실 채집을 나가면 불현듯이 생존 본능이 발로하여 온통 먹는 것에 정신이 팔리고 신경이 곤두선다.

　아직도 기억이 생생하다. 여수 근교의 적막한 동백나무 숲에서 은근슬쩍 홀로 허기를 채우느라 꽃잎 하나를 통째 싸잡아 움켜쥐고, 후루룩 꿀 냄새 물씬 나는 진득한 꽃물을 마시고 있는데, 바로 이 이야기의 주인공인 동박새도 주눅 들지 않고 아침을 걸게 먹고 있던 그 모습이 말이다. 이렇게 호젓한 숲에서 따로 만난 동박새가 마냥 친구처럼 정답게 다가오는 것은 당연지사. 놈에게 훼방꾼이 되지 않으려고 무진 애를 썼다. 그런데 우습게도 나나 저나 입가엔 샛노란 동백꽃 가루를 잔뜩 묻히고 있었더랬다.

　동박새는 몸길이 11.5센티미터 남짓이고, 날개 5.6~6.3센티미터, 체중 10~13그램 정도다. 등은 올리브 잎과 같은 어두운 황록색이고, 배는 담녹색이며, 옆구리는 연한 갈색이다. 또 날개와 꽁지는 녹갈색이고, 턱밑과 목의 앞쪽인 멱은 노랑 또는 녹황색이다. 1~1.3센티미터인 부리는 가늘고, 등이 다소 아래로 굽었으며, 끝은 뾰족하다. 부리 아래 뒷부분은 푸른색을 띤 잿빛이고, 그 외에는 갈색이다. 무엇보다 눈꺼풀에 하얀 가는 깃털이 빽빽하게 둘러난, 은색 둥근 눈테eye ring를 가진 것이 가장 큰 특징이다. 까만 눈알에 또렷한 하얀 고리를 가졌기에 동박새를 'white-eye'라고도 부른다.

동박새는 잡식성으로 여러 곤충·나무 열매·꽃물을 먹는다. 꽃물을 먹으면서 벌·나비가 없는 겨울 동백의 꽃가루받이를 돕고, 여름엔 해로운 벌레를 잡아먹으니 이로운 새인 셈이다. 한데 그 거센 놈들이 먹을 게 없으면 서로 잡아먹기도 한단다.

지상 1~30미터 자리에 7~10일에 걸쳐 나뭇가지에, 이끼·지의류·짐승의 털들을 모아 치덕치덕 거미줄로 검질기게 꽁꽁 묶고 엮어, 지름 5.6센티미터, 깊이 4.2센티미터의 찻잔 꼴의 둥지를 늘어지게 짓는다. 알자리(난좌)에는 가는 식물 줄기나 보드라운 털을 깔고, 가끔은 남의 집에서 둥지 거리를 훔치기도 하며, 같은 집을 대부분 1번만 쓰지만 3번까지 재사용한다. 5~6월에 한배에 4~5개의 희거나 푸른색의 알을 낳아 암수가 교대로 지극정성으로 품는다.

암수가 미리 짝짓는 일부일처로 생식기에는 수컷이 큰 소리를 지르면서 세력권을 지킨다. 동박새는 아주 사회성이 있어서 다른 종류의 새들과도 무리를 이룰뿐더러 동박새들끼리 서로 상대의 깃털을 손질(깃털 다듬기preening)해 주는 붙임성 있는 새다. 그리고 나무에서 먹이를 찾을 뿐 여간해선 땅바닥에 내려앉는 법이 없다.

동박새는 한국·일본·중국·베트남·대만·필리핀 등지에 서식하고, 특히 일본에서는 '백목白目'이라 부르며, 일본 새들 중에서 우점종優占種, dominant species이라 한다. 그래서 일본에서는 예부터 여러 그림들에 많이 등장했고, 지금도 새장(조롱)에 넣어 키운다고 한다.

새를 이동에 초점을 맞춰 보자면, 한곳에 늘 머무는 텃새(유조留鳥, resident bird)와 먼 길을 오가는 철새migratory bird로 크게 나눈다. 철새 중 우리나라에서 여름을 지내면서 새끼를 치는 여름 철새는 고만고만하게 자잘한 숲새들이고, 시베리아 등 북에서 산란하고 우리나라에 와서 겨울을 지내는 겨울 철새는 거의 덩치가 큰 물새이다. 또 철새 중에서도 남이나 북으로 가는 도중에 잠깐 우리나라에 머무는 나그네새(통과조通過鳥, bird of passage), 태풍 등으로 자칫 잘못하여 엉뚱한 곳으로 날려 온 길 잃은 새(미조迷鳥, vagrant), 동박새처럼 여름엔 높은 산지에서 송충이 등의 벌레를 잡아먹고 살다가 벌레가 없는 겨울엔 야산이나 들판으로 내려와 나무 열매나 꽃의 꿀물을 먹고 사는 떠돌이새(표조漂鳥, wanderer)가 있다.

이처럼 계절에 따라 높고 낮은 곳으로 옮겨 다니는 전형적인 떠돌이새에는 동박새와 함께 굴뚝새Troglodytes troglodytes도 있다. 굴뚝새는 참새목 굴뚝새과의 꼬마 멧새이면서 붙박이 새다. 몸길이 10.5센티미터, 날개 길이 약 4.7~5.5센티미터로 짧은 꽁지를 바짝 세울 때도 있고, 까닥까닥 온몸을 젖히며 깐족거린다.

굴뚝새는 겨울이면 안 빠지고 우리 시골 안채 뒤꼍의 굴뚝에 자주 날아들었다. 풀풀 내뿜는 매운 굴뚝 연기로 까맣게 그을린

초가집을 들쑤시고 다니느라 제 빛을 잃고, 말 그대로 새까만 굴뚝새가 되었다. 친구들의 얼굴이 숯검정처럼 새까맣거나 하면 굴뚝새가 됐다고 놀리지 않았던가. 오늘따라 굴뚝새도, 또 저승으로 먼저 간 동무들도 모두 그립구려.

사람 대신 고기를 잡아 주는 영물
가마우지

필자가 가마우지를 가장 가까이에서 볼 수 있었던 건 기기묘묘한 산봉우리가 올망졸망 36,000개나 된다는 중국 계림桂林, Guilin에서다. 계림의 산수가 아름답기로 유명하여 "계림의 산수는 천하제일이다桂林山水甲天下"라 하고, 카르스트 지형karst topography으로 기암괴석도 이름난 곳이다. 이강漓江에서 뱃놀이(선상 유람)를 끝내고 선착장에 내리는데 때마침 대나무 뗏목을 탄 삿갓 쓴 노어부와 큰 까마귀를 닮은 맵시로운 가마우지가 곁눈질하며 의젓하고 늠름하게 널따란 뱃전에 앉아 있었다.

어부가 호루라기 같은 소리를 내지르니 놈들이 뒤처질세라 첨벙첨벙 가뭇없이 사라지더니만 이내 커다란 붕어 한 마리씩을 떡 물고 떠오른다. 어부는 발에 묶어 둔 줄을 휙 잡아당겨 가마우지

가마우지
ⓒ tiarescott

목을 잡고는 입에서 물고기를 끄집어 낸다. 억지로 입을 세게 벌리거나 목을 꽉 누르면 구토반사^{vomiting reflex}로 물고기를 토하게 된다. 가마우지의 긴 목을 끈으로 느슨하게 옭매 놓아 잔물고기는 삼키지만 큰 물고기는 목(식도)에 걸려 내려가지 못한다.

중국이나 일본, 그리스나 마케도니아에서는 예부터 어부들이 가마우지를 어르고 달래 길들여서 가마우지 고기잡이^{cormorant fishing}를 전통으로 삼아 왔다. 일본 어디선가는 1,300여 년간 이 전통을 이어와 관광객이 구름처럼 몰린다고 한다.

가마우지 고기잡이에서는 가마우지가 사람을 쪼지 못하게 날카로운 주둥이 부리를 뭉뚝하게 갈아 버린다고 한다. 고기잡이 선수인 가마우지는 계림의 명물로 황소보다 더 비싸다. 안내원 이야기는 계속된다. 이곳에서 잔뼈가 굵은 어부들은 밥벌이를 해 준 가마우지가 숨을 거둘 때면 술을 부어 준다고 한다. 그러면 가마우지는 어부가 부어 준 술을 마시며 조용히 눈을 감는다는 것이다. 암튼 동물 보호 단체가 그악스럽게 새를 학대한다고 삿대질하며 아우성칠 만하다.

'가마우지 경제'란 말이 있으니, 혹자는 한국 경제를 목줄에 묶인 가마우지 같다고 한다. 목줄(부품 소재)에 묶여 물고기(완제품)를 잡아도 곧바로 주인(일본)에게 바치는 구조라는 것이지. 일리가 있는 말이다.

가마우지는 가마우짓과 조류를 통틀어 이르는 말로 크게 민물가마우지와 바다가마우지로 나뉜다. 우리나라에서는 민물가마우지great cormorant는 경기도와 경상남도에, 바다가마우지Japanese cormorant는 울릉도와 제주도에, 쇠가마우지pelagic cormorant는 백령도에 많다고 한다.

민물가마우지*Phalacrocorax carbo*는 체장 70~102센티미터, 편 날개 길이가 121~160센티미터이고, 바다가마우지보다 덩치가 커서 'great cormorant'라 불린다. 목은 아주 길고, 눈은 초록색이며, 뺨과 멱은 흰색이고, 나머지는 검은색이다. 부리는 길고, 윗부리는 아래로 약간 굽었다. 네 발가락에 물갈퀴가 있어 굼실굼실 물에 쉽게 잠겨 들고, 깃털은 방수가 되지 않아 잠수엔 유리하지만 물 위로 나온 후엔 젖은 날개를 좍 펴고 햇볕에 깃을 말린다. 장장 20~30초간 줄기차게 물속을 헤엄치고, 10초가 걸려 솟아오르며, 잡은 고기는 펠리컨pelican처럼 턱 아래의 저장주머니에 넣는다.

우리나라에서는 겨울 철새이지만 일부는 텃새다. 강물이 바다로 흘러드는 어귀에 주로 생활하고, 때로는 내륙의 강이나 호수에서도 날아든다. 집단으로 나뭇가지에 마른 해초 등으로 접시 모양의 둥지를 틀고, 한배에 보통 3~4개의 엷은 청색 알을 낳는다. 30~36일간 알을 품고(포란抱卵), 물고기를 잡아와 토해 먹인다. 아시아·유럽·아프리카·대서양·북미 등 전 세계적으로 널리 분포한다.

바닷새인 (바다)가마우지 *P. capillatus*는 민물 것에 비해 몸집이 좀 작아 몸길이 약 84센티미터로 전 세계에 40여 종이 서식한다. 우리나라 해안에서 텃새로 살며, 항만 또는 바위가 많은 해안 절벽에서 자주 볼 수 있다. 집단으로 번식하고, 떼거리로 이동하는 사회성 높은 새로 민물가마우지에서 진화한 것으로 본다.

암수 모두 흑색 깃털에 엷은 녹색(담녹색)의 금속 광택이 나고, 위 갈색 부리는 가늘고 긴 것이 예리하게 구부러졌으며, 홍채(눈조리개)는 녹색이고, 다리는 검다. 부리 주위에서 눈 가장자리에 걸쳐 피부가 드러나고, 색이 노랗다. 겉에 콧구멍이 없어 물속에서 고기를 잡기에 편리하다.

물갈퀴가 달린 발로 발버둥 치면서 짧은 날개까지 흔들어 멋지게 자맥질하니 깊게는 수심 45미터까지 잠수한다. 고기잡이를 한 다음 단숨에 밖으로 나가 날개를 활짝 펴고 햇볕에 깃털을 말린다. 가마우지는 꼬리 샘preen gland(미선尾腺)에서 기름 성분을 분비하지 않아 겉 깃털에는 물이 스며들어 물에 잠기기 용이하나 속 살갗까지는 물이 스며들지 않는다고 한다.

알은 긴 타원형으로 담청색에 표면은 백색의 석회질로 덮여 있다. 둥지는 암벽의 오목한 곳에 마른풀이나 해초를 이용하여 만든다. 한배에 4~5개의 알을 낳고, 어미가 먹이를 물고 오면 새끼들은 어미의 입속에 머리를 처박고 토해 주는 먹이를 꺼내 먹는다. 한국·일본·중국·사할린·북태평양의 섬들에 서식하며, 우리나라에서는 울릉도와 제주도에 많다고 한다.

그런데 민물가마우지는 민물고기를 마구 잡아먹어 물고기가 줄어들기 때문에 어부와는 경쟁 관계에 놓여 있다. 2013년 기준으로 일본에서는 민물가마우지가 어림잡아 10만 마리가 넘어서 개체 수를 조절하느라 솎아 죽이기culling에 이르렀다고 한다. 거참, 이 험한 세상에 늘어나는 생물도 있다니 희한하도다!

손바닥에 거리낌 없이 날아 앉는 친근한 조류

박새

필자는 야생하는 새 중에서 어느 새보다 박새와 가장 친한 편이다. 벌레가 지천인 여름철엔 꼴도 안 보이던 녀석들이 찬 바람이 불기 시작하면 배고파 인가 근처로 슬슬 몰려든다. 드디어 글방(서실書室)의 베란다 바깥 짐받이에도 얼쩡거리는지라 접시에 모이를 듬뿍 놓아두면 노상 들락거리며 갸웃갸웃, 쩩쩩, 알알이 날름날름 주어 먹는다. 한마디로 고운 눈매에 참 귀여운 새다.

박새*Parus major*는 참새목, 박샛과의 조류로 몸길이 13~14센티미터이고, 우리나라에도 흔한 텃새이다. 학명의 속명 *Parus*는 tit(박새), *maior*는 크다는 뜻이고, 식물 분류학의 비조鼻祖인 린네Carl von Linne, 1707~1778가 동식물 분류법(이명법二名法)에 관해 저술한 책『자

박새

연의 체계*Systema Naturae*』에도 실린 새다.

한국의 박새속에는 박새 말고도 설보면 그게 그것으로 보이는 쇠박새*P. palustris*, 진박새*P. ater*와 색다른 곤줄박이 *P. varius*가 있고, 세계적으로는 열다섯 아종이 산다. 동북아시아·유럽·중동·북아프리카 등지에 널리 분포하는 종으로 산지·정원·도시 공원·인가 근처에서 흔히 볼 수 있는 붙박이 새다.

윗머리와 목은 푸른빛이 도는 검정색이고, 멱에서 시작된 검은 줄은 가슴을 타고 내려가 꼬리까지 이어진다. 다시 말해서 박새는 배 가운데에 검은 줄무늬가 있는 것이 가장 특징으로 수컷은 그것이 넓고, 암컷이나 새끼는 가느스름하다. 뺨과 뒷목, 옆구리는 말간 흰색이고, 등과 어깨는 노란빛이 감도는 회색이며, 날개에는 흰 줄 띠가 하나 있다.

그리고 수컷은 "삐이 삐이, *쓰쓰 쓰쓰*" 따위의 소리를 내는데 그들이 내는 소리가 무려 마흔 가지가 넘지만 암컷은 잘 울지 않는다. 또 음성 분석기sonogram로 울음소리를 분석한 결과 다른 새들이 그렇듯이, 지역에 따라 사뭇 다르다고 한다. 묘한 지고, 새들도 방언方言을 쓴다!

박새great tit는 평생 한곳에 머물고, 여름철엔 귀뚜라미·메뚜기·바퀴벌레·개미·거미·벌·달팽이 등의 동물성 먹이를 먹지만 겨울엔 땅콩·해바라기 씨·나무 열매·풀씨를 먹으며, 심지어 동면 중인 박쥐도 잡아먹는다. 일단 먹이를 잡으면 발가락 사이에 끼우고 9~11센티미터 길이의 센 부리로 팍팍 쪼아 먹는다. 4~7월에 구새통이나 바위틈·돌담 틈·인공 둥지나 버려진 딱따구리 집에 산란한다. 마른 풀줄기와 뿌리, 이끼들로 밥공기 모양의 둥지를 틀고, 알자리(산란장)에는 짐승 털이나 새 깃털, 솜털 등을 깐다. 한배에 7~12개의 흰색 바탕에 적갈색 얼룩무늬가 가득 난 알을 낳고, 암컷이 혼자 알을 품지만 새끼는 암수 둘이서 키우며, 새끼에겐 단백질이 풍부한 딱정벌레를 많이 잡아 먹인다고 한다. 주로 포식자인 족제비나 새매sparrow hawk에 잡아먹히고, 꺼림칙스런 천적 누룩뱀에게 알을 빼앗기기도 한다.

좋은 먹이를 먹어 가슴 색이 진한 수컷일수록 건강한 정자를 많이 만들고, 울음소리가 큰 수놈이 우점優點, dominant하며, 새끼치기도 영 잘한다. 그리고 일부일처지만 암놈이 서방질하여 새끼의 약 8.5퍼센트는 다른 수놈의 유전자를 가진다고 한다.

다른 예이긴 하지만 금실 좋은 부부로 비유되는 오릿과의 물새 원앙mandarin duck의 새끼도 지아비 자식이 아닌 것이 30퍼센트가 넘는다고 한다. 이건 암컷들이 여러 수컷에서 가지가지 다양한 정자를 고루 받아 무서운 질병이 돌아도 쉽사리 죽지 않는 강한 자식을 두기 위한 본능 행위다. 물론 수컷들의 제 정자를 많이 뿌리

곤줄박이

기 위한 노림수(꾐)도 작용한다. 암튼 이는 동계교배同系交配, inbreeding를 피하려는 종족 보존 본능인 것으로 사람에도 없는 듯 몰래(세계) 숨어 있다.

박새 1마리는 1년 동안 자그마치 8만 5천~10만 마리나 되는 수도 없이 많은 해로운 벌레를 잡는 이로운 새(익조)다. 또 박새는 가을이 되면 도토리 등의 나무 열매를 먹으면서 먹을 것이 없는 주린 겨울철을 대비해 나무껍질 틈새나 바위 밑에 숨겨 둔다. 그해 겨울에 미처 다 못 찾아 먹은 것들이 새싹을 틔워 자라니 이처럼 세상에는 공짜가 없다.

번식기가 지나면 진박새·쇠박새·오목눈이들과 두루 섞여 무리를 지운다. 같은 속인 진박새coal tit는 몸길이 약 11센티미터로 박새보다 좀 작고, 한국 전역에서 번식하는 흔한 텃새이며, 영국에서 일본에 이르는 구북구에 분포한다. 또 쇠박새marsh tit는 몸길이 약 12센티미터로 역시 박새보다 좀 작고, 유라시아 대륙 북부에 널리 분포한다.

마지막으로 몸빛이나 소리가 박새와 매우 다른 곤줄박이varied tit를 이야기할까 한다. 곤줄매기라고도 하는데 머리 위쪽과 목은 검고, 등과 날개는 짙은 회색이며, 뒷목과 아랫면은 붉은 갈색이다. 주로 곤충의 유충을 잡아먹는데 가을과 겨울에는 역시 작은 나무 열매를 먹으며, 겨울 먹이를 따로 저장해 두는 습성이 있다.

박새는 인공 모이통이나 새집에 두렴 없이 쉬이 오기에 보통 사람들이 즐기는 것은 물론이고 조류의 진화, 한살이 등의 연구에 좋은 대상이 된다. 또한 워낙 붙임성이 있는 탓에 조금만 정을 쏟으면 손바닥에도 금세 거리낌 없이 날아 앉는 놈인데 내 정성이 부족하여 여태 그 경지에 이르지 못한 것이 마냥 아쉽다. 오는 겨울엔 멋진 박새 아비가 한번 되어 보리라.

사는 곳에 따라 얼룩 줄무늬 수가 다른 포유류

얼룩말

얼룩말^{zebra}은 말과, 말속에 속하는 발굽동물로 '얼룩말'과 '얼럭말'을 모두 표준으로 삼고, 북한에서는 '줄말'이라 한다. 초식성으로 아프리카 사하라 사막 이남의 열대 초원에 살며 성질이 사나운 편이다. 늙은 수컷이 우두머리가 되어 떼를 이끌게 되므로 대장은 항상 앞장선다. 또 수놈 한 마리가 여러 암컷을 거느리는 하렘^{harem}을 이룬다. 얼룩말은 발가락이 하나인 기제류^{奇蹄類}로 포식자에게 쫓길 때는 눈썹 휘날리게 지그재그로 번갈아 내달아 적을 따돌린다.

준수하게 생긴 얼룩말은 무성한 갈기가 꼿꼿이 섰으며, 꼬리 끝에만 긴 털 뭉치가 담뿍 난다. 그리고 횡단보도처럼 검은 바탕에 흰 털의 줄이 번갈아 난다. 얼룩말의 무늬를 자세히 보면 머리·목·몸

의 전반부·중앙 몸체
까지는 수직으로 반듯
이 서고, 몸의 뒤 엉덩
이와 다리는 수평으로
드러누웠다.

© Muhammad Mahdi Karim

얼룩말

암컷이 수컷보다 조
숙하는 자성선숙^{雌性先}^熟이고, 수놈은 대여섯
살이 돼야 수놈 구실을
하지만 암컷은 세 살에 벌써 첫 새끼를 배며, 12개월 만에 한 마리
를 낳아 1년여를 키운다. 새끼는 태어나자마자 일어서서 벌써 걷
고 젖을 빤다. 오래전부터 사육해 보려고 적잖이 우격다짐도, 달
래기도 해 보았으나 걸기 있고 까다로운 성질로 가축화^{domestication}
에 실패하였다고 한다.

얼룩말은 또한 눈이 아주 밝고, 천연색을 구별하는 것으로 알려
져 있으며, 다른 말 무리처럼 눈이 머리 양쪽 옆에 붙어 있어 시야
가 아주 넓다. 그리고 말보다 귀가 크고 둥글며, 어느 방향으로든
귀를 돌릴 수 있어 소리에 예민하다. 보통 때는 귀를 곧추세우지
만 위험하다 싶으면 앞으로 휙 숙이고, 화가 나면 뒤로 쑥 젖힌다.

아프리카에는 3종의 얼룩말이 산다. 사바나얼룩말^{Equus quagga,}
^{Plains zebra}은 가장 흔한 종으로 여섯 아종이 있고, 옛날에 *E. burchelli*
라 불렸으며, Chapman's zebra, Grant's zebra라고도 부른다. 어

깨높이가 1.2~1.3미터, 체장 2~2.6미터, 꼬리 길이 0.5미터, 체중 350킬로그램으로 수컷이 암놈보다 좀 더 크다. 주로 남동 아프리카에 서식한다.

산얼룩말Mountain zebra, E. zebra은 두 아종이 있고, 줄무늬가 가늘고 배에는 무늬가 없고 희다. 사바나얼룩말보다 약간 작다. 동서 아프리카에 주로 서식한다.

그레비얼룩말Grevy's zebra, E. grevyi은 얼룩말 중에서 어깨높이가 1.4~1.6미터로 가장 크고, 머리가 좁으면서 길고, 귀가 둥글고 큰 것이 노새를 닮았다. 에티오피아와 케냐 북부에 산다.

이들은 비록 서식지가 겹쳐도 끼리끼리 상호교배相互交配, inter-breeding가 일어나지 않지만 동물원에서는 사바나얼룩말과 산얼룩말 사이에 쉽게 교잡이 일어난다. 또 얼룩말과 당나귀 사이에서 태어난 잡종이 존키zonkey다.

또한 앞에 쓰인 학명 *Equus*는 말*Equus caballus* · 당나귀*Equus asinus* · 노새*E. caballus + E. asinus* · 얼룩말 따위의 속명인데 라틴어로 말(馬)이란 뜻이다. 현대차의 에쿠스Equus가 바로 말에 그 뿌리가 있다는 말이고, 포니Pony도 조랑말이었으며, 갤로퍼Galloper도 달리는 말을 형상화한 것이었다.

비할 바 없는 얼룩말들의 줄무늬는 신통방통하게도 사람 지문처럼 하나같이 개체마다 모두 다르다고 한다. 딴 동물에 없는 얼룩말의 흑백 털 무늬는 몸을 위장하는데 있으니, 첫째로 세로무늬는 소복한 풀숲에 숨으면 서 있는 풀과 비슷하여 들통 나지 않고,

가로무늬는 경계를 흐리게 하며, 조금만 멀리 있으면 흑백의 무늬가 혼합하여 회색으로 보인다. 둘째로는 얼룩말이 떼지어 서 있거나

얼룩말과 당나귀 사이에서 태어난 존키

가까이서 여럿이 움직이면 그것들이 커다랗고 얼룩덜룩한 덩어리로 보이고, 또한 눈부시게 커졌다 작아졌다 명멸하면서 목표물을 조준하기 어렵도록 하여 포식자를 혼란시킨다. 셋째로 이런 줄무늬 구조는 쇠파리warble fly나 흡혈파리인 체체파리tsetse fly가 꾀는 것을 막는다. 넷째로 무늬는 몸을 식히는 일을 하니, 빛을 모두 흡수하는 검은 줄(털) 위로는 공기가 빨리 흐르고, 빛을 모두 반사하는 흰줄 위에는 공기 흐름이 느려서 결국 공기 대류를 일으킨다. 그래서 더운 지방에 사는 얼룩말일수록 줄무늬가 많다고 한다.

　사람들은 오래전부터 얼룩말 무늬의 특성을 이용하였다. 1, 2차 세계대전 때 영국, 미국 배에다 얼룩말 무늬를 그려 위장을 했으니 이를 위장 도색dazzle camouflage이라 한다. 이는 몸을 숨기는 식의 위장이라기보다는 배의 크기·형태·목표·속도·방향들을 알아보지 못하게 하는 위장술이다. 다시 말해서 선체 은폐가 아니고 상대를 혼란케 하는 것으로 배가 멀어져 가는지 가까이 다가오는

지를 구별하기 어렵다고 한다.

한편 횡단보도에 금을 그어 놨으니 그것이 얼룩말 줄무늬를 본떴다 하여 얼룩말 횡단보도zebra crossing라 한다. 검은 바닥(바탕)에 일정한 간격으로 흰줄을 얼멍덜멍 그어 보행자는 물론이고 운전자의 눈에 잘 띄게 했다. 예사로 봤던 횡단보도를 가만히 살펴보니 검고 흰 것의 폭이 같았고, 양 옆의 흰줄과 검은 줄이 서로 맞보고 있다.

얼룩말은 서식처 파괴와 고기, 모피를 얻으려고 남획된 탓에 지금에 와서는 국립공원 등지에서 보호를 받고 있다. 특히 산얼룩말과 그레비얼룩말은 멸종 위기에 처했지만 사바나얼룩말은 아직 심하게 영향을 받지 않고 있다고 한다. 얼룩말들의 천추만세千秋萬歲를 빈다!

알쏭달쏭한 중간 생물

오리너구리

오리너구리라, 이름부터 요상하고 괴상타! 영판 오리와 흡사하다 했더니만 너구리도 닮아 '오리너구리platypus', '오리주둥이duckbill, duck-billed platypus'로 불린다. 여기서 'platypus'는 발이 오리발처럼 납작하다flat-footed는 뜻이다. 한마디로 날짐승(조류)과 길짐승(포유류)의 특징을 한 몸에 두루 지닌 어정쩡한 동물로, 파충류에서 포유류로 진화 중인 애매모호한 중간생물中間生物로 본다. 이렇게 엔간히 새 닮고 어지간히 짐승 비슷하지만 분류상으로 포유류에 넣는다.

오리너구리는 호주에 서식하며, 포유류이면서 새끼가 아닌 알을 낳는다. 주둥이는 오리 흉내를, 꼬리는 큼지막하고 넓적한 비버 꼬리 시늉을(꼬리에 많은 지방을 저장함), 몸과 발은 수달을 빼닮

오리너구리

은 알쏭달쏭한 동물이다.

　호주에서는 오리너구리를 코알라, 캥거루와 함께 보호하고 있고, 호주의 상징으로 큰 행사 때 행운의 마스코트로 삼으며, 20센트 동전 뒷면에 있을 정도로 사랑받는다. 또 호주 동부와 태즈메이니아Tasmania 섬에만 붙박이로 사는 호주 고유종endemic species이다. 얼마 전까지만 해도 발에 밟힐 정도로 차고 넘쳤다지만 털을 쓰겠다고 함부로 해치고, 마구 잡는 막된 짓을 하는 통에 결국 멸종 위기에 처했다.

　오리너구리Ornithorhynchus anatinus는 오리너구리과의 포유류로 흔히 단공류單孔類, Monotremata라 부르며 한통속인 가시두더쥐Tachyglossus aculeatus도 여기에 든다. 학명(속명) Ornithorhynchus의 Ornitho는 새, rhynchus는 주둥이란 의미고, 종명 anatinus는 오리발과 비슷하단 뜻이다. 학명엔 늘 그 생물의 특징이 묻어 있다.

　그리고 단공류란 대소변과 정자·난자가 한 구멍(총배설강總排泄腔)으로 나오기에 붙은 이름이고, 조류는 총배설강이지만 포유류

2부 시끌벅적 활기차게 살아가는 이웃들

는 대소변을 따로 배설한다. 또한 사람을 포함하는 포유류 암컷은 소변, 난자가 다른 구멍으로 나오지만 수컷은 소변과 정자가 한 구멍으로 나온다.

현생 포유류 중에서는 바늘두더지(가시두더지)와 함께 가장 원시적인 포유동물이면서도 난생卵生한다. 몸길이 30~45센티미터, 꼬리 10~14센티미터, 몸무게 0.7~2.4킬로그램 정도로 수컷(50센티미터)이 암컷(43센티미터)보다 좀 더 크다. 몸통은 통통하고, 꼬리는 길고 편평하며, 네다리는 짧고, 발은 넓고 편평한 것이 5개의 발톱이 붙었으며, 발에는 물갈퀴가 발달한 맵시로운 놈이다.

앞발 물갈퀴는 크고 뒷발 물갈퀴는 작으면서 발가락이 끝에 튀어나왔다. 수컷 발뒤꿈치에 있는 며느리발톱(싸움발톱)에는 독선毒腺이 있어 독액을 분비한다. 그 독은 개에 치명상을 입힐 정도로 무섭지만 사람에게는 그리 심각하지 않다고 한다. 한마디로 오리너구리의 조류 특징이 총배설강·난생·물갈퀴·며느리발톱·부리들이라면 포유류 특성은 털·젖·이빨·네다리이다.

몸의 털은 짧은 양털같이 부숭부숭하고, 등은 회갈색, 배는 회백색 또는 황갈색이며, 털에는 물이 묻지 않는다. 넓은 입안 안쪽에는 다람쥐나 원숭이 따위에서 볼 수 있는 볼주머니(협낭頰囊, cheek pouches)가 있어서 물 밑바닥을 헤집어 잡은 먹이를 터지도록 집어넣어 물 위로 올라온다. 그런데 새끼는 위아래 턱에 각각 3개씩의 이빨이 있지만 나중엔 한꺼번에 깡그리 빠지고, 그 자리에 각질화한 패드pad가 생긴다. 그래서 자잘한 자갈과 함께 먹이를 씹어

존 굴드가 1845년에서 1863년 사이 출간한 『호주의 포유동물』에 실린 오리너구리 삽화

부순다.

반수서半水棲(양서兩棲)에 야행성이라 이른 아침이나 저녁때만 한꺼번에 활동한다. 또 육식동물로 먹이는 강물의 가재·지렁이·수서 곤충·조개 등이고, 뱀·올빼미·독수리·악어가 포식자(천적)이다. 물에 들 때마다 접혀진 얇은 살갗 까풀로 눈귀를 덮고, 코는 코마개로 단단히 틀어막는다. 그래서 눈코귀로 먹이를 잡지 않고, 영특하게도 오로지 먹잇감이 근육 수축을 하면서 내는 전류를 부리에 있는 특수 전기수용체electroreceptor로 감지해 찾는데 이런 짓은 돌고래 한 종에서만 볼 수 있다.

아무튼 녀석들이 여간내기가 아니다. 강둑에 두더지처럼 굴을 파 잠자리나 산란장으로 쓰고, 지름 1.6~1.8센티미터의 백색 알

2개를 연 1회, 7~10월 중순에 산란한다. 이 또한 세상에 없는 참 특이한 일이다! 어미 몸 안 자궁에서 28일간 발생한 뒤 그 알을 낳아, 어미가 몸과 꼬리로 감싸 안아 열을 올려 주니 품은 지 열흘 께 어김없이 부화한다. 새끼는 1.5~2센티미터로 리마콩$^{lima\ bean}$만 한 것이 눈이 멀고 털도 없다. 어미는 젖꼭지가 없어서 살갗 구멍 에서 나온 젖이 우묵우묵 패인 홈^{groove}에 고이니 그것을 새끼가 핥아 먹는다.

또 온혈동물로 평균 체온이 32도인데 보통 태반 포유류의 37도 보다 훨씬 낮다. 그리고 부리는 감각 기관이 발달한 윗부리 하나 만 있고, 그 아래에 입이 있다. 앞다리로 유영하고, 뒷다리 물갈퀴 는 꼬리와 함께 방향 조절을 하는 정도다. 첨벙 물속에 한 번 잠겨 들면 고작 1~2분간 머물며, 연거푸 오래 강물에 있다 보면 체온 이 5도까지 내려간다고 한다. 뼈는 단단하게 굳어 무거워서 바닥 짐^{ballast} 역할을 하여 물에 잘 가라앉는다.

아무튼 대륙 이동$^{continental\ drift}$에 따라 호주는 오래전에 대륙에 서 분리되었고, 대륙과 격리된 탓에 영락없이 여러 생물들이 오리 너구리처럼 색다르게 진화하였다. 너무 오래 떨어져 지내면 급기 야 여러모로 엉뚱하게 달라진다. 그런 의미에서 어서 빨리 남북통 일이 되어야 할 터인데…….

위험하면 자신의 일부를 떼어 버리는 파충류

도마뱀

텃밭 구석에다 빗물을 받아 두겠다
고 쓰다 버린 커다란 플라스틱 통 하나를 놔뒀다. 호랑나비만큼이
나 자란 가을 배춧잎이 시들시들하여 바가지로 물을 뜨려는데 통
안 바닥의 자작한 물에 도마뱀 한 마리가 오도 가도 못 하고 마구
꿈틀거리고 있었으니 얼른 두 손으로 다소곳이 퍼 들어 놓아주었
다. 옛날 같으면 분명 한참 요리저리 놀리다가 보냈을 터인데 나
이가 드니 '불살생不殺生'이란 말이 문득문득 떠올라 그리 못 한다.
밭일할 때 심심찮게 만났던 그놈이 아니었는지 모르겠다.

파충류는 뱀·거북·악어 등이 있고, 우리나라에 사는 뱀 무리
는 모두 합쳐 봐야 고작 16종으로 그중에서 뱀과 11종과 도마뱀
과 5종이 있다. 한국 여름은 매우 건조하고 겨울엔 모질게 추워서

변온동물들의 서식처로는 좋지 못하다. 그래서 열대 지방에 비해 그 종수가 턱없이 빈약한 것은 물론이고 덩치는 작고 색깔도 보잘것없다.

뱀은 몸이 가늘고 긴 것이 다리·눈꺼풀·귓구멍이 없고, 혀는 두 가닥으로 갈라졌으며, 왼쪽 폐는 퇴화되어 없어졌다. 그런데 도마뱀은 네 다리가 발달했고, 귀가 있어서 소리를 들으며, 눈꺼풀을 움직일 수 있고, 호신술로 스스로 꼬리를 자른다.

한국산 도마뱀 중에서 전국적으로 가장 흔한 것이 아무르장지뱀*Takydromus amurensis*인데 아시아 고유종으로 한국과 일본·중국·러시아에서 인도네시아까지 분포한다. 이것 말고도 줄장지뱀*T. wolteri*, 장지뱀*T. auroralis*, 표범장지뱀*Eremias argus*, 도마뱀*Leiolopisma laterale*이 있고, 이것들을 통틀어 보통 '도마뱀'이라 한다.

장지뱀이란 이름에서 '장지'는 '긴 발가락(長指)'을 가졌다는 뜻이고, 또 '도마뱀'의 '도마'는 '자름'의 뜻이 들었다. 다른 말로 급하면 꼬리를 잘라 버리고 도망치는 이 동물의 특징이 담겼다고 하겠다. 그리고 발바닥이 발달하여 매끈한 플라스틱 통도 벌벌 기어오른다.

그럼 아무르장지뱀을 살펴보자. 학명(속명) *takydromus*는 민첩하다는 뜻이고, 종명 *amurensis*는 아무르^{Amur} 지역에서 잡은 것을 처음 신종으로 발표하면서 붙인 이름이다. 몸길이 7~9센티미터, 꼬리 약 10센티미터이고, 몸은 갈색이며 비늘로 덮여 있고, 특히 등 비늘은 모가 나고 매우 크다.

© Muhammad Mahdi Karim

도마뱀의 자절

주행성으로 지상에 살고, 목은 거의 없으며, 꼬리는 몸 길이 정도이고, 가느다란 두 갈래 혀를 가지며, 발가락은 5개로 발톱이 있다. 넓적다리 언저리에 장지뱀에만 있는, 페로몬pheromone을 분비하는 3쌍의 작은 구멍(서혜공鼠蹊孔)이 있다.

전국 어서나 서식하고, 잡초가 우거진 길가·양지 쪽 묵정밭·경작지에서 많이 볼 수 있다. 곤충·거미·지렁이·노래기·달팽이 따위를 실컷 잡아먹고는 소화시키느라 양지바른 너럭바위에 넙죽 엎드린다. 포식자는 뱀·올빼미·솔개 따위들이다. 한 해 한 번 이상 허물을 벗는데 영양 상태가 좋으면 그 횟수가 늘고, 바위 틈새나 나뭇가지 사이에 몸을 비벼 껍질을 벗는다.

수컷은 암컷보다 머리가 크고, 번식 시기에는 상대를 유혹하기 위해 몸이 화려하고 선명한 빛깔로 바뀔뿐더러 입을 벌려 목을 부풀리거나 꼬리를 흔들기도 한다. 6~7월경에 양지쪽 돌이나 바위 밑, 썩어 가는 나무 밑, 낙엽 속 모래흙에 3~4개의 알을 낳고, 4주 후면 부화한다. 알은 말랑말랑하여 깨지지 않고, 길이 7밀리미터, 너비 5밀리미터로 하얗다. 한방에서는 소변불리·신결석·방광결석 등에 효능이 있다 하여 봄여름에 잡아 말린다.

도마뱀 꼬리는 달리기·몸의 균형 잡기·나무 타기·구애·짝짓기·지방 저장에 중요한 기관이다. 꼬리를 잃는다는 것은 거기에 저장해 둔 양분을 잃는지라 커다란 손실이다. 그러나 어쩌랴, 하마터면 몽땅 통째로 먹힐 뻔했는데 그보다는 낫지 않은가?

눈독을 들이던 포식자(천적)에 들켜 꼬리를 잡히거나 물리면 금방 꼬리 근육을 수축하여 일부를 스스럼없이 떼어 줘 버리니 이것은 도마뱀의 척수반사에 의한 일종의 본능이다. 이렇게 자기 스스로 토막 내버리는 것을 자절自切, autotomy이라 한다.

잘려진 도마뱀 꼬리 토막은 까딱까딱, 꼬물꼬물 꼼지락거려 포식자를 홀린다. 꼬리는 몇 분간 경련을 일으키면서 꿈틀거려 적을 혼란시켜 놓고 도마뱀은 그 와중에 비웃기라도 하듯 득달같이 내뺀다. 말해서 바람잡이 꼬랑지는 천적을 눙치고 따돌리는 꼼수라 하겠다. 그런데 몸을 다치거나 꼬리를 잘렸을 때는 지체 없이 따스한 햇볕을 쬐어서 체온을 높인다고 하니 일종의 '열 치료heat therapy'다.

꼬리는 바로 다시 예전과 얼추 비슷하게 재생하지만 꼬리뼈는 생기지 않고, 대신 연골 비슷한 흰색 힘줄이 생긴다. 그런데 꼬리의 아무 데나 잘라(떨어)지는 게 아니고 미리 형성된 꼬리뼈 마디가 느슨하게 이어진 자리(탈리절脫離節)에서만 일어난다고 한다.

많은 무척추동물이 도마뱀과 흡사한 생존 전술을 쓴다. 문어·게·거미불가사리·가재·거미·민달팽이들도 막상 죽게 생겼다 싶으면 사정없이 스스로 다리를 자른다. 맙소사. 작은 것을 버리고 큰 것을 가진다는 사소취대捨小取大라고나 할까. 대아大我를 위해 소아小我를 희생한다? 거참, 아무리 그래도 끔찍하게 몸의 일부를 후딱 떼어 주다니 도무지 알다가도 모를 일이다.

세포의 발전소이자 세포의 난로

미토콘드리아

좀 설게 들릴지 모르지만 모든 동
식물 세포(세포질)에는 미토콘드리아^{mitochondria}라는 세포소기관
^{organelle}이 있고, 사람 세포 하나에는 보통 200~2,000개가 들었다.
미토콘드리아는 적혈구를 제외한 인체 내 모든 세포에 있고, 심
장·간·뇌·골격·근육과 같이 큰 에너지를 필요로 하는(대사 기능
이 활발한) 조직 기관에 많다.

미토콘드리아는 미토콘드리온^{mitochondrion}의 복수형으로 'mito'
는 '실(絲)', 'chondrion'은 '알갱이(입자)'란 뜻이라 미토콘드리
아를 '사립체絲粒體'라 부르기도 한다. 그것은 세포의 핵^{nucleus}보
다 훨씬 작고, 생리 기능이 활발한 간세포$^{liver\ cell}$ 하나에 무려
2,000~3,000개나 들어 있다(간세포의 25퍼센트를 차지함).

그런데 세포 하나도 오랜 세월 여러 곡절을 거쳐 내처 바뀌었으니 이를 세포진화설hypothesis of cell evolution, 또는 세포내공생설theory of endosymbiosis이라 한다. 까마득히 먼 15억 년 전에 원시세포(숙주세포)에 단세포 호기성 세균이 덜컥 들어간 것이 미토콘드리아이고, 엽록소와 남조소를 가득 가진 단세포 남세균藍細菌, cyanobacteria이 슬그머니 들어갔으니(넝큼 먹혔으니) 그것이 엽록체다. 지금 와선 미토콘드리아나 엽록체가 붙박이가 되는 바람에 도통 이도저도 못하니 외따로 살지 못하는 운명이 되었단다.

거듭 말하지만 호기성 세균이 변한 것이 미토콘드리아이고, 시아노박테리아가 변해서 엽록체가 되었다. 그런데 엽록체는 식물세포에만 있지만 미토콘드리아는 동식물 세포 모두에 있고, 식물세포보다는 동물세포에 더 많다. 그리고 식물세포 하나에 미토콘드리아 100~200개와 엽록체 50여 개가 들어 있다.

미토콘드리아의 보통 크기는 0.5~1마이크로미터(1마이크로미터는 1000분의 1밀리미터)로 세균의 판박이다. 미토콘드리아 DNAmitochondrial DNA, mtDNA는 핵 DNAnuclear DNA, nDNA의 0.5퍼센트밖에 되지 않지만 스스로 분열도 한다. 즉, 유전물질인 DNA를 가지고 있어서 세포(핵)분열과 관계없이 자체적으로 번식하고 단백질 합성도 한다. 애시 당초에는 원시 숙주세포와 미토콘드리아는 완전 독립체였으나 핵에 많은 기능을 고스란히 넘겨줘 버려 옴나위 없이 '종속국' 상태가 되어 버렸다.

알다시피 엽록체는 광합성을 하는 세포소기관이고, 미토콘드

리아는 탄수화물
(포도당)·단백질
(아미노산)·지방
(지방산과 글리세롤)
을 분해하여 에너
지·열·이산화탄

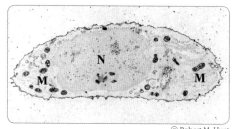

© Robert M. Hunt

전자현미경으로 본 연골세포의 핵(N)과 미토콘드리아(M)

소를 내는 광합성의 역반응이 일어나는 곳이다. 앞의 것이 동화작
용이고 후자는 이화작용이다.

그런데 삼시 세끼 먹는 영양소들은 소화되어 피에 섞여 과연
우리 몸의 어디로 가고, 시도 때도 없이 숨 쉬어 얻는 산소는 또
어디로 드는 것일까? 100조 개나 되는 우리 몸 세포로 간다. 맞다.
그럼 세포 속의 어느 세포소기관으로 가는가? 곧장 미토콘드리아
로 간다. 피를 타고 간 양분과 산소의 종착역은 미토콘드리아다!

미토콘드리아에서 여러 효소들의 촉매작용으로 양분이 산소
와 제꺼덕 산화하여 에너지와 열, 이산화탄소가 생긴다. 다시 말
해서 미토콘드리아는 에너지 생산 공장으로 우리가 애써 먹은 양
분이 산소와 산화하여(천천히 타들어 감) 에너지와 열을 내니 이를
세포호흡cellular respiration이라 한다. 결국 생명 활동에 필요한 아데
노신-3인산ATP, adenosine triphosphate이라는 고효율의 에너지와 체온
유지에 필요한 열, 배설물인 이산화탄소가 생긴다. 이처럼 미토콘
드리아는 에너지를 낸다 하여 '세포의 발전소', 열을 내므로 '세포
의 난로'라 불린다. 간세포 하나에 2~3천 개의 발전소(난로)가 들

세포의 발전소이자 세포의 난로 **미토콘드리아** 147

었다고 했지. 참 기기묘묘한 세포요, 인체로다!

한마디로 운동에 필요한 모든 힘(에너지)을 비롯하여 오로지 체온 보존에 쓰이는 체열, 날숨에 묻어 나가는 이산화탄소가 바로 미토콘드리아에서 생긴다. 사실 이 과정이 말처럼 그렇게 쉽고 간단한 것은 아니다. 크렙스^{Krebs}가 이른바 크렙스 회로$^{Krebs\ cycle}$를 밝혀 노벨상을 탔을 정도다. 이 대사 과정에 수많은 비타민과 미네랄 등의 영양소와 효소가 필요하다.

미토콘드리아는 모양이 일정하다기보다는 여러 가지 꼴로 바뀌고, 아예 운동(이동)도 활발히 하며, 전자현미경으로 보면 거의가 길쭉한 막대거나 강낭콩, 소시지 모양을 하지만 정자의 것은 나선형으로 목 부위를 돌돌 감싸고 있다.

그런데 운동을 열심히 하면 심폐 기능·근육의 탄력성·적혈구 수를 늘림은 말할 것도 없고 사립체의 수도 10배까지 는다고 한다. 쓰면 발달하고 쓰지 않으면 퇴화한다는 '용불용설'이 미토콘드리아에도 해당하다니!

세포나 그 속의 세포소기관도 수명이 있어서 적혈구는 약 120일, 상피세포는 7일, 미토콘드리아는 10일 살고 죽는다. 염념생멸念念生滅이라, 우주의 모든 사물이 시시각각으로 나고 죽고 하여 잠깐도 끊이지 않고 변한다. 여기서 중요한 사실은 미토콘드리아가 싱싱해야 건강하게 장수한다는 점이다. 미토콘드리아의 에너지 대사 과정에서 발생하는 활성산소는 필연적으로 미토콘드리아 자신을 손상시키니 그 공격으로부터 막는 것이 무엇보다 중요하기에 야채나 과일 같은 항산화물질을 먹으라고 권한다. 소식하라, 꾸준히 운동을 하라, 금연·절주하라는 등의 건강 수칙도 미토콘드리아의 튼튼함에 필수적인 것들이다. 다음 장에서는 이 미토콘드리아가 모계성임을 이야기할 참이다.

모계유전과 진화의 비밀을 쥔 열쇠

미토콘드리아 이브

앞서 미토콘드리아란 세포 속의 소기관으로 먼 옛날 호기성 세균이 어떤 숙주세포에 들어와 변한 것이고, 우리가 먹은 모든 양분과 숨 쉬어 얻은 산소가 산화하여 에너지와 열, 이산화탄소를 내기에 '세포의 발전소', '세포의 난로'라 부르며, 보통 것은 강낭콩이나 소시지를 닮았지만 정자의 것은 돌돌 꼬인 나선형이라 했다.

미토콘드리아는 호기성 세균이, 엽록체는 시안 세균이 변했다는 '세포내공생설'도 간단히 설명한 바 있다. 여러 실험을 통해 미토콘드리아와 엽록체가 세균들이 변했다는(닮았다는) 증거를 찾았다. 1) 미토콘드리아의 DNA는 세균의 것처럼 한 개의 고리 모양을 하고 있고, 2) 그들의 DNA를 따로 분리하여 시험관에 넣어 두면 오랫동안 단백질을 합성하고, 3) 테트라사이클린tetracycline 같은 세균에 치명적인 항생제를 처리하면 미토콘드리아/엽록체도 해를 입으며, 4) 세균과 똑같이 세포질이 밖에서 안으로 잘려 들어가면서 나눠지는 이분법 분열을 한다는 것 등등이다.

미토콘드리아에서 모든 영양소가 산화(분해)된다고 앞서 이야기했는데, 엉뚱한 예를 들어본다. 화향십리花香十里 주향백리酒香百里 인향천리人香千里라 했던가. 술이란 복잡한 구조를 한 녹말starch이 자잘한 분자로 잘린 음식이다. 다시 말해서 복잡한 쌀이나 밀가루 녹말($C_6H_{10}O_5)_n$을 효모 등의 알코올 발효로 포도당($C_6H_{12}O_6$)보다 더 간단한 에탄올(C_2H_5OH)로 만든 것이 술이다. 즉, 미토콘드리아에서 세포 산화가 아주 쉽게 일어나기에 한 잔 하자마자 곧장 힘이 솟고 열이 난다. 술보다 더 빨리 미토콘드리아의 크렙스 회로에서 에너지를 내는 것이 식초이고, 그보다 더 신속히 산화되는 것이 과일에 든 구연산citric acid 등의 유기산들이다. 음료수들치고 구연산이 안 들어간 것이 없는 까닭을 알겠다.

그런데 미토콘드리아는 모계유전maternal inheritance을 한다. 흔히 말하는 유전이란 핵 DNA(유전자)의 대물림인 핵 유전을 말하고, 이들 내림물질(유전자)은 어머니와 아버지를 반반씩 닮게 한다. 그러나 세포질(미토콘드리아)은 모계만을 닮는 세포질유전cytoplasmic inheritance을 한다.

미토콘드리아의 세포질유전(모계유전)을 보자. 지름 0.15밀리미터의 난자는 난핵과 세포막, 세포질(세포소기관)을 죄다 가지고 있

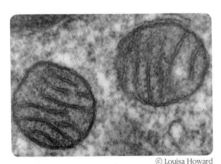
전자현미경으로 본 미토콘드리아 © Louisa Howard

다. 하지만 0.06밀리미터밖에 안 되는 정자는 정핵(머리)과 몇 안 되는 미토콘드리아, 꼬리만 있는 괴이한 세포이다. 물론 정자가 될 정모세포는 세포질을 가진 정상 세포였으나 감수분열로 정자가 만들어지면서 세포질이 사라졌고, 정자의 미토콘드리아는 정자 꼬리(편모) 운동에 필요한 에너지를 공급하기 위해 있어야 했다.

어쨌거나 난자는 30여 만 개의 미토콘드리아를, 정자는 머리와 꼬리 사이에 고작 150여 개를 지니고 있다. 그런데 난자와 정자가 수정하면서 난자의 거부 반응으로 정자의 미토콘드리아를 송두리째 부숴 버린다. 결국 생명체가 될 수정란에는 아버지(정자)의 미토콘드리아는 하나도 없고 고스란히 어머니(난자)의 것만 들었다! 이것이 바로 미토콘드리아의 모계유전이다. 단연코 너와 나의 모든 세포 속 미토콘드리아는 어머니의 것이렷다!

그렇다면 어머니는 누구에게서 그것을 넘겨받았는가. 맞다! 외할머니에서 받았다. 결국 우리가 가지고 있는 미토콘드리아는 죄다 외조모의 것이 어머니에게로 전해지고, 어머니의 것이 내게로 내려온 것이로다! '외가(모계)'의 의미를 되새겨 보게 하는 대목이다.

다시 말하지만 핵의 유전자는 부모에게서 반반씩 받지만 미토콘드리아를 포함하는 세포질은 어머니에게서만 받는다. 그래서 외삼촌과 이모, 이종의 미토콘드리아(세포질)와 내 것은 같다! "엄마 보고 싶으면 이모 찾아간다"고 하는 까닭이 바로 미토콘드리아의 인력에 있었다니…….

우리는 안다. 범인을 잡는데 '핵산 지문'인 미토콘드리아 DNA가 한몫하는 것을. 모계성인 미토콘드리아 DNA뿐만 아니라 부계성인 Y염색체 속에 든 DNA도 범인 것과 비교한다는 것을. 아무튼 미토콘드리아가 외조모→어머니→자식으로 이어진다면 Y염색체는 할아버지→아버지→아들→손자로 내려가는 부계유전을 한다. 나처럼 할아버지들이 손자 보기를 고대하는 것도 바로 Y염색체를 물려주고 싶은 마음 때문이로다.

그렇다. 모계유전을 하는 미토콘드리아 DNA를 추적하면 인류의 조상을 찾을 수 있다. 소위 말하는 초기 인류의 미토콘드리아인 '미토콘드리아 이브'Mitochondrial Eve'를 찾는 것이다. 아득히 먼 옛날로 미토콘드리아 DNA를 거슬러 올라가 보면 미토콘드리아 이브가 오늘날 살아가는 모든 인류의 미토콘드리아와 같음을 발견한다. 그리하여 약 20만 년 전 아프리카 대륙에 살았던 그들이 우리의 조상(뿌리)일 것으로 추정, 확신한다. 어쨌거나 진화의 유물이요 흔적인 미토콘드리아 DNA가 잇달아 우리에게 전해 왔음이 확실하다. 검은 할머니의 그것이!

부언하지만 미토콘드리아에서 한없이 사무치는 모정을 찾는

다. 포실하게 품에 보듬어 주시던 어머니를 어른거리게 하는 미
토콘드리아가 내 몸(세포)에 온전히 있으니 말이다. 당신은 가셨
지만 당신의 미토콘드리아(세포질)는 내 몸에 오롯이 남아 있나이
다. 내가 죽어야 마침내 어머니 당신도 함께 가시게 되나이다. 새
삼 풍수지탄風樹之嘆에 젖는구려.

두더지의 앞발을 가진 곤충

땅강아지

땅강아지*Gryllotalpa orientalis*는 땅굴에 살면서 양행성이라 자주 보기 어렵다. 그러나 초여름에 벼를 심기 위해 쟁기로 척척 논의 흙살을 갈아엎으면 논바닥 땅굴에 들었던 놈들이 어리둥절 놀라 논두렁으로 슬금슬금 기어 나와 자주 만났다. 이때는 언제나 까치가 땅강아지를 잡아먹겠다고 가만가만 모여 든다. 필자도 더럭 겁이 나지만 사로잡아 보겠다고 덤비다가 깨물리기도 했다. 사람한테 들키면 오락가락 바동거리던 놈이 몸을 구부려 순식간에 고물고물 땅속으로 파고드는 솜씨는 가히 놀랍다.

땅강아지는 메뚜기목(직시목直翅目) 땅강아짓과의 곤충으로 메뚜기나 귀뚜라미와 흡사하다. 우리말로는 땅개·땅개비·개밥통이라 하며, 한자로는 螻蛄(누고)·天螻(천루)·石鼠(석서)·土狗(토구)·地狗(지구)라 하니, 토구나 지구가 땅강아지가 되지 않았나 싶다. 한국·러시아·일본·중국·대만·필리핀·인도네시아·오스트랄라시아Australasia(오스트레일리아·뉴질랜드·서남 태평양 제도를 포함하는 지역)에 분포한다. 땅강아지는 본래 습기를 좋아하는지라 논이나 연못·잔디밭·골프장 등 축축한 곳에 산다.

아무튼 '강아지'라 하면 어린 자식이나 손주를 귀엽게 이르는 말이 아닌가. 흙 밭에 놀다 개흙을 뒤집어쓰고 집에 드는 날엔 어머니께서 "땅강아지가 됐다"고 지청구하셨지. 서양 사람들은 땅강아지를 mole cricket이라 부르니, mole은 두더지, cricket은 귀뚜라미로 '귀뚜라미 닮은 것이 두더지처럼 땅속에 산다'는 뜻일 것이다. 한편 '키가 몹시 작은 강아지'를 땅강아지라 부른다.

땅강아지는 몸이 원통형이고, 아주 근육질로 포동포동, 토실토실한 것이 다부지게 생겼다. 체장은 30~35밀리미터이고, 몸빛은 황갈색 또는 흑갈색이며, 온몸에 짧고 부드러우면서 반들반들한 털이 다붓이 나 있다. 그래서 땅속에 지내면서도 몸뚱이에 흙이 묻어나지 않는다. 머리는 검은색으로 원뿔형에 가깝고 아주 작은 홑눈은 큰 타원형이며, 겹눈은 비교적 작은 알 모양으로 튀어나왔다. 그리고 몸길이에 비해 짜름하고 가는 더듬이 한 쌍을 가진다.

무엇보다 앞다리가 산지사방散之四方으로 땅굴을 파는데 알맞도록 강하고 넓적하다. 더구나 발달한 앞다리는 꼭 두더지의 앞발처럼 땅을 쉽게 파도록 쇠스랑을 닮았다. 뒷다리는 더할 나위 없이

귀뚜라미의 것과
비슷하나 뛰는데
쓰지 않고 흙을
후벼 판다. 또 앞
다리는 대체로 땅
파는데 사용하지
만 물에서 헤엄칠
때도 쓴다.

땅강아지

이들의 앞다리가 빼닮은 것은 지하에 사는 동물들에서 생겨난
수렴진화收斂進化 탓이다. 이는 계통적으로 연관이 먼 생물들이 적
응의 결과 유사한 형태를 보이는 현상이다. 다시 말해서 곤충인
땅강아지와 포유류인 두더지는 계통적으로 관련이 적지만 땅을
파는 앞다리가 매우 유사하게 변했다.

땅강아지의 앞날개는 작고 뒷날개는 크며, 날지 않을 때는 등
허리 위에 접어 놓는다. 날개는 정교하지는 않지만 짝이나 영역
을 새로 찾는 데 쓰이고, 저녁에 불빛을 향해 날기도 한다. 또 해
질 무렵에 땅 위로 나와 먹이 사냥을 하고, 새벽녘에 집으로 든다.
암수 모두 시맥翅脈(날개 맥)에 발음 돌기가 10여 개 있으며, 수놈이
암놈을 꼬드기기 위해 이른바 구애의 소리courtship song를 지른다.
수컷은 날개를 비벼 "비이이이~" 하는 긴 울음소리를 낸다.

4~5월경에 축축한 땅속에서 짝짓기를 하고, 암컷은 5~30센티
미터 깊이의 땅속에다 3~4센티미터 길이의 방(알자리)을 만들어

200여 개의 알을 낳는다. 무더기로 낳은 회갈색의 알은 3밀리미터 정도의 콩 모양으로 알자리에서 어미의 보호를 받으면서 2~3주를 머문 뒤 부화한다. 부화한 유생은 자기를 싸고 있던 알껍데기를 먹어 치우며, 심지어 친구도 잡아먹는 동족 살생을 한다. 이후 유생은 네 번 허물을 벗고 성충이 된다. 번데기가 생기지 않는 불완전변태를 하기에 유생은 어미를 빼닮았다.

땅강아지는 잡식성으로 곤충의 애벌레나 성충, 지렁이 같은 동물성 먹이 말고도 작물의 뿌리나 구근 따위를 닥치는 대로 갉아먹고, 땅을 들쑤셔서 뿌리가 들뜨게 해 말라 죽게 하니 속절없는 해충이다. 그래서 땅강아지를 구제驅除(해충 따위를 몰아내어 없앰)하기 위해서 농약을 쓴다. 그러나 이들은 지렁이처럼 제대로 흙 속을 헤집어 놓아 땅속에 공기를 불어넣어 준다는 점에서 나름대로 득 되는 곤충이라 하겠다.

한방에서는 여름에서 가을 사이에 잡아서 한소끔 끓인 다음 햇볕에 말린 것을 누고라 하며, 해독이나 부은 종기나 상처를 치료하는 데 쓰고, 방광 결석이나 화농에 처방한다. 거참, 지지리도 못생기고 대수롭지 않은 벌레, 푸나무치고 온통 약 되지 않는 것이 없군! "무엇이든 하찮은 것이 없다"는 말이 맞다.

땅강아지의 천적은 후투티 같은 새·들쥐·스컹크·도마뱀 등이다. 그리고 먹성 좋은 동남아시아 사람들은 조금도 꺼리지 않고 튀겨 먹는다. 뿐만 아니라 세계적으로 곤충 먹기(식충食蟲, entomophagy)를 하니, 정작 1,000여 종이 넘는 곤충을 80여 개국에서 즐겨 먹는다고 한다. 우리도 메뚜기·방아깨비·번데기를 먹지 않는가.

아무 데서나 볼 수 있었던 것이 요새 와서는 농약이나 제초제를 잔뜩 써 대어 아주 드물어져서 보호 야생동물로 지정되었다고 하니 절통한 일이다. 암튼 야생동물치고 남아나는 것이 없다.

위험하면 폭탄을 터트리는 발칙한 생물

폭탄먼지벌레

가을 남새를 심으려고 텃밭 밭일을
하다가 맵시로운 예쁘장한 딱정벌레 한 마리가 나타나 설설 기어
가기에 무심코 그놈을 잡았다가 "앗 뜨거워" 소리치며 휙 던져 버
렸다. 알면서 속는다더니만, 얄밉고 발칙한 그놈이 바로 폭탄먼지
벌레*Pheropsophus jessoensis*로 절지동물, 딱정벌레목, 딱정벌렛과의 곤
충이다. 여기서 우리말 이름의 '폭탄'은 꽁무니에서 내는 퍽 하는
소리popping sound를, '먼지'는 독가스를 뜻하는데 희뿌연 유독 독가
스는 고약한 냄새와 높은 열을 낸다. 한마디로 뜨거운 가스와 악
취에, 폭발음까지 내는 각별난 폭탄먼지벌레다! 이 녀석은 이렇듯
포식자를 물리치고, 먹이 사냥에 효과적인 화학 무기를 장착했다.
극지방을 제외하고는 온 세계에 얼추 500여 종이 서식하며,

1990년에 북한에선 우리와 영판 다른 '돌방구퉁이'란 이름으로, 40전짜리 우표에 등장한 적이 있다. 폭탄먼지벌레는 한국·중국·일본 등지에 서식한다.

아시아폭탄먼지벌레Asian bombardier beetle라고도 부르는 이 녀석을 흔히 '방귀벌레'라고도 하는데, 몸길이 11~18밀리미터로 몸바탕은 새카맣지만 머리·가슴·다리는 황색 또는 황적색이고, 머리 꼭대기와 앞가슴 등판에 난 가운뎃줄은 검다. 아무리 보아도 몸빛깔이 꽤나 성깔 있어 보이는 무시무시한 경계색warning coloration을 띤다. 머리는 납작하고, 더듬이는 노란빛을 띤 갈색이며, 입틀(구기口器)의 수염은 붉은빛을 가진 갈색이다. 딱지날개(겉날개, 시초翅鞘)에는 세로로 솟아오른 줄이 있으며, 그 사이에 세로 주름 무늬가 촘촘히 난다. 수컷의 겉날개는 꼬리에 닿을 정도로 길지만 암컷은 좀 짧다. 성충은 5~9월에 나타나고, 습기 찬 땅에 머물며, 유충은 땅속에서 산다. 알을 진흙이나 썩은 풀에 낳고, 유생, 번데기를 거쳐 성충으로 탈바꿈하는 완전변태(갖춘탈바꿈)를 하고, 수명은 몇 주에 지나지 않는다. 야행성으로 낮에는 돌이나 낙엽 밑, 흙 속에 숨었다가 밤에 슬금슬금 기어 나와 곤충을 잡아먹는 육식성이며, 특히 썩은 고기를 좋아한다. 또한 각종 해로운 벌레를 잡아먹어 사람에겐 이로운 벌레이다.

그런데 성충에 으름장을 놓으면 항문에서 픽 소리를 내며 뜨겁고 독한 가스를 내뿜는다. 이 뜨거운 독가스는 사람 피부에 닿으면 살이 부어오르고 몹시 아프다. 그럼 이들 벌레가 어떻게 폭탄을 터뜨리는 것일까?

폭발에 관여하는 하이드로퀴논hydroquinone과 과산화수소過酸化水素, hydrogen peroxide는 각각 배(복부) 끝, 분비샘 벽이 얇은 널찍한 방 안에 따로 수용액 상태로 저장되어 있다. 또 분비샘의 벽이 매우 두꺼운 방에는 과산화수소를 물과 산소로 분해하는 효소인 카탈라아제catalase와 하이드로퀴논을 피-퀴논p-quinone으로 산화시키는 페록시다아제peroxidase가 들어 있다.

벌레가 위험을 느끼면 방의 판막valve을 열어서 여러 물질이 항문 근방에서 합쳐지면서 화학 반응이 일어나게 되니, 과산화수소는 분해하고 하이드로퀴논은 산화된다. 이때 생기는 열은 물이 쩔쩔 끓는(비등점) 100도에 달하고, 함께 매스꺼운 냄새가 나는 수증기 상태의 가스가 분사된다. 이때 달려들던 포식자는 눈과 호흡기가 자극을 받아 치명상을 입게 되는데 사람도 화학 열상chemical burn을 입는다. 그런데 제 똥구멍은 데이지 않고 멀쩡하다니 신통하다!

다시 말해서 위협을 느낀 폭탄먼지벌레가 서둘러 분비샘에서 화학 물질과 효소를 반응실로 보낸다. 이들이 만나 폭발하면 큐티클cuticle로 만들어진 반응실이 팽창하면서 화학 물질 투입구의 밸브가 막히지만 가스 증기가 빠져나가 압력이 떨어지면 다시 밸브가 열려(폭발 물질이 들어와) 폭발이 되풀이된다.

그리고 적과 마주치면 잽싸게 공격자 쪽으로 꼬리를 돌려 발칵 화학 분사chemical spray를 줄잡아 내리 20번 넘게 발사한다. 족히

100도나 되는 비말飛沫, spray을 내뿜기에 적은 혼쭐이 나 다리야 나 살려라 줄행랑을 놓는다. 골난 스컹크는 한 번 수증기 상태인 독물을 왕창 뿌리고 나면 얼마 동안은 방귀를 뀔 수 없지만, 폭탄먼지벌레는 아주 짧은 간격을 두고 찔끔찔끔 연이어 발사가 가능하다.

© Peter Halasz

폭탄먼지벌레

독가스의 주성분은 1,4-벤조퀴논1,4-benzoquinone 말고도 고농도의 산acid · 알데히드aldehyde · 페놀phenol · 퀴논quinone 같은 유독 물질이다. 상대를 겨냥해 마치 기관총을 쏘듯 단속적으로 내뿜으니 적들에게는 방어 무기로 쓰이고, 먹잇감을 잡는 데도 이용한다. 자기 몸은 다치지 않으면서, 배고파 잡아먹으러 대들던 거미 따위도 몸서리치게 화들짝 놀라 도망가게 하고, 호기심 덩어리인 사람도 까딱 잘못하다간 된통 당한다.

놀랍게도 이런 폭발은 초당 735회까지 일어난다 하고, 역겨운 화학 물질과 증기 가스가 초속 10미터의 속도로 먼 거리로 퍼져 나간다. 이제까지는 근육의 수축으로 이런 빠른 분사가 일어날 것으로 짐작했으나 다른 연구에 따르면 유연한 막의 팽창, 수축으로 일어나는 것으로 확인됐다고 한다.

여태 살펴본 것처럼 폭탄먼지벌레들은 폭탄을 만드는 정교한

장치를 갖춘 아주 특별한 곤충이다. 생물 진화학적으로 봐도 복잡한 화학 반응을 일으키는 극히 신비롭고, 예사로운 동물이 아니다. 그런데 죽은 뒤에도 배를 누르면 반응실에 남아 있던 화학 물질들 때문에 살아 있을 때와 똑같은 반응이 일어나는 통에 연구자들이 우스꽝스럽게도 폭탄먼지벌레 표본을 만들다가 호되게 데이는 수도 있다고 한다.

물속 호랑이라 불리는 폭군 포식자

물방개

"냇가 돌 닳듯"이란 속담이 있다. 세상만사에 시달려 성격이 약아지고 모질어짐을 빗대 이르는 말이다. 이야기의 주인공인 물방개*Cybister japonicus*는 딱정벌레목 물방갯과의 수생곤충으로 냇가나 연못·무논·둠벙(물웅덩이) 같은 물살 없는 조용하고 맑은 물에 살고, 몸길이는 3.5~4센티미터 정도이다. '물방개'와 '선두리' 둘 다 표준어로 삼고 다른 말로 말선두리, 용슬龍蝨로도 불린다.

물방개를 애완동물로 키우기도 하고, 식용하기도 하며, 경주를 시키며 놀기도 했다. 요샌 사육하기를 좋아하는 사람들이 늘어서 물방개 한 마리에 자그마치 1만 원 정도 한다고 한다. 그토록 애면글면 배고픈 애옥한 삶을 살았던 어린 시절엔 사랑방 등잔불에도 느닷없이 푸르르 날아들어 난동을 부렸으니 놈들을 잡아 소죽 끓이고 남은 잔불에 구워 먹기도 했다. 그리고 좀체 뒤탈은 없지만 깨물리면 아프기에 조심스럽게 다루기 일쑤였다. 또 잡는 순간 제 몸을 보호하겠다고 고약한 냄새를 물씬 내지만 구워 버리면 싹 가신다.

물방개diving beetle 무리는 전 세계적으로 어림잡아 4,000여 종이 서식하고, 한국에는 10속 21종이 알려졌으며, 물방개C. japonicus, 배물방개붙이Dytiscus marginalis, 검정물방개C. brevis가 대표적이고, 그 중에서 물방개가 가장 크다. 옛날엔 물가에 지천으로 널린 게 방개였는데 요즘엔 그 수가 좀 줄었다고 한다. 암튼 야행성이라 밤이 이슥해야 앞다투어 먹이 찾아 자맥질하고, 가끔가다가 공중을 나니 이것은 달빛 반사를 이용하여 다른 물을 찾느라 그런다고 한다.

물방개는 검푸른데 등은 반들반들한 것이 가운데가 약간 솟았고 광택이 난다. 몸의 가장자리는 테를 두른 듯 황갈색이며, 다리는 황갈색이거나 어두운 갈색이다. 날씬한 독일 국민차 폭스바겐을 닮은 둥글넓적한 유선형이라 물의 저항을 최소화하게 생겼다. 앞머리 양쪽에 오목하게 들어간 곳이 있고, 머리 양쪽 끝에 가는 실 같은 털이 많이 난 촉각(더듬이)과 긴 수염이 한 쌍씩 있다. 머리(두부)와 가슴(흉부)은 아주 작고 배(복부)가 몸의 대부분을 차지한다. 눈은 작은 편으로 동그란 것이 더듬이 뒤에 납작하게 붙었다. 등판의 양편은 넓고, 가두리(언저리)는 노란색이며, 딱딱하고

© Aflisch

물방개(좌)와 물방개 애벌레(우)

큼지막한 겉날개는 바깥 가두리를 따라 나비가 넓은 황갈색 띠가
아로 새겨졌고 몸의 아랫면은 대부분이 황갈색이다.

딱지날개는 비상에 관여하는 보드라운 속날개(뒷날개)를 보호
한다. 다시 말해서 날개는 4장인데 얇은 뒷날개를 이용해 날고,
날지 않을 때는 앞날개 밑에 접어 둔다. 앞다리와 가운뎃다리는
길지 않고, 뒷다리는 길고 굵으며 털이 부숭부숭 많이 나서 동시
에 좌우로 헤엄쳐 앞으로 나가는 추진력을 키운다.

6~8월경에 알을 물속의 풀줄기에다 한 개씩 낳고, 산란 후 얼
추 3~7일 만에 부화하며, 번데기 시기를 거치는 완전변태를 한
다. 수컷의 앞다리에는 짝짓기 할 때 암컷을 잡을 수 있도록 돌기
가 발달해 있다. 애벌레나 어른벌레 모두 철저한 육식성으로 올챙
이나 자잘한 수서동물, 작은 물고기를 닥치는 대로 잡아먹는 아주
포악한 놈들이다.

유생의 몸은 길고 꾸부정한 것이 초승달을 닮았다. 6개의 다리
가 흉부에서 나 있고, 머리는 납작한 것이 사각형이며, 큰 집게발

이 있다. 꼬리 끝의 기관(숨관)을 수면으로 내밀어 공기를 마신다. 주로 올챙이를 먹으며 작은 수생곤충도 포식하며, 물속에서 살기 등등한 폭군 포식자라 'water tiger'라 불린다.

유충은 입을 벌리고 먹이가 다가오기를 절치부심 벼르다가 먹 잇감이 가까이 다가오면 드세게 달려들어 덥석 문다. 몸에 비해 턱이 짧지만 매우 단단하고, 먹이를 물자마자 입에서 소화액을 분 비한다. 다 자란 유생은 물 밖으로 엉금엉금 기어 나와 진흙을 후 벼 파고 들어가 번데기가 되고, 일주일쯤 지나 성체가 되어 도로 물로 돌아간다. 물방개는 아시아가 원산지로 한국·일본·중국· 대만·러시아 등지에 서식한다. 물방개는 물속 먹이사슬에서 맨 꼭대기에 위치한 정점(최상위) 포식자이다. 수생(수서)곤충으로 숨 관으로 숨을 가쁘게 쉬지만 그것으로 모자라면 딱지날개와 등판 사이에 있는 공간에 애써 저장한 공기로 숨을 쉬기도 한다. 또 꽁 무니 끝에 거품 방울이 맺히는 것도 물속 산소를 얻는 행위이며, 새 공기를 들이마시기 위해서 수면 위로 잇따라 떠오르기도 한 다. 이렇게 녀석들이 딱지날개 안쪽 공기 탱크에 산소를 채우기 위해 잠시 물 표면에 올라왔다가 부랴부랴 잠수하는 모습을 보고 'diving beetle'이란 이름이 붙었다.

세계적으로 이름을 날리는 이로운 벌레인 물방개·귀뚜라미· 메뚜기·전갈·매미 등의 곤충을 식용하고, 특히 딱정벌레목 거 저릿과의 갈색거저리 유충인 밀웜mealworm은 우리나라에서도 요 리에 쓰기에 이르렀으며, 머잖아 곧 메뚜기도 정식으로 허락받아 식용될 것이라 한다. 갈색거저리는 주로 곡류 속에 알을 낳는데, 1~2주일 후 부화한다. 유충 밀웜은 애완동물의 먹이뿐만 아니라 시방도 통째로 가루를 내어 빵이나 햄버거에도 넣고 음식에 뿌려 먹으니 번듯하고 푸진 요리 재료로 쓰인다. 어쨌거나 강물이 내내 맑고 깨끗해야 먹을거리로도 사용되는 물방개가 번성할 터인데 걱정이다.

플라스틱도 소화시키는 신통방통한 벌레

갈색거저리

참 좋은 세상이다. 옛날 같으면 응당 멀리 물레방앗간에 가거나 집 안의 디딜방아에서 곡식을 찧거나 쓿었는데, 요새는 농촌 집집마다 정미기(도정기搗精機)가 있어서 그때그때 벼를 빻는다. 쌀을 도정하기 위해 오래 쟁여 둔 곳간의 나락 가마니를 열면 새까맣고 자잘한 벌레가 눈에 띈다. 가마니를 멍석에 부어 보면 거미 새끼 퍼지듯 산지사방으로 좍 퍼져 도망을 가는 벌레가 있다. 볼품없는 놈들이 야행성이라 어두운 곳을 찾아가는 행렬이 제법 장관이다!

그리고 말끔하게 쓿은 쌀을 쌀 부대에 오래 넣어 두면 역시나 쌀벌레가 일고, 그 쌀을 퍼 넣어 보면 하얀 먼지 같은 쌀가루가 흩날리니 그놈들이 갉아 먹은 싸라기나 똥이다. 마늘을 넣어 두면 생기지 않는다고 하는데, 그 쌀벌레가 바로 딱정벌레목 바구밋과의 쌀바구미*Sitophilus oryzae*다. 이렇듯 쌀바구미는 저장해 둔 곡식 낟알을 온통 먹어치우므로 해로운 벌레다. 다음에 나오는 이야기의 주인공인 갈색거저리(갈색쌀거저리)와 혼돈하지 말자고 미리 쓴 것이다.

그런데 쌀바구미는 성체가 4밀리미터밖에 되지 않지만 갈색거저리*Tenebrio molitor*는 쌀바구미의 3배나 되는 제법 큰 외래 곤충으로 쉽게 볼 수 없다. 그것은 딱정벌레목, 거저릿과의 곤충(갑충甲蟲, beetle)으로 앞서 살펴봤듯이 갈색거저리의 애벌레를 흔히 '밀웜'이라 한다. 갈색거저리는 잡식성으로 주로 쌀·밀·귀리·옥수수 따위를 먹지만 식물은 물론이고 육류인 고기나 깃털도 먹어 치운다. 유럽이 원산으로 온대 지방의 북반부에 살고 열대 지방엔 살지 못한다. 그런데 아무리 찾아봐도 '거저리'의 뜻을 알 길이 없으니 답답하구려.

갈색거저리black darkling beetle는 몸길이 약 15밀리미터이고, 몸 빛깔이 어두운 갈색이며, 반질반질 광택이 난다. 갈색거저리는 알·유생·번데기·성충의 한살이(생활사)를 거치는 완전변태를 한다. 밀웜은 체장이 2.5센티미터나 되지만 성체는 1.3~1.8센티미터에 지나지 않고, 1~3개월간 살면서 딱딱한 딱지날개를 갖지만 날지 못한다. 배는 다섯 마디로 되어 있고, 최초의 세 마디는 서로 약간 달라붙었으며, 딱지날개는 늘 배를 덮는다. 1~2주 후에 짝짓기하고, 암컷은 땅속이나 곡식에 알을 낳는다.

© Didier Descouens
갈색거저리

갈색거저리의 한살이는 매우 길어서 280~630일이 걸리는 경우도 있다. 알은 10~12일 후에 부화하고, 유생이 3~4개월 내지 18개월에 걸쳐 연신 8~20회나 탈피하며, 번데기 시기는 25도에서 7~9일, 20도에서는 20일간 계속된다. 주로 인가 근처에서 유충으로 월동하다가 봄에 번데기와 성충으로 탈바꿈한다.

조금 더 보태자면 갈색거저리의 알은 콩 모양으로 처음은 끈적거리지만 곧 딱딱하게 굳는다. 유생은 갈색으로 허물을 벗으면서 자라 번데기가 되기 위해 많은 양분을 저장한다. 하얀 번데기는 입도 항문도 없어서 먹지 않으며, 다리와 날개가 움직이지 못하고 단지 꿈틀거릴 뿐이다. 이 1~3주 동안에 성체가 될 기관들이 형성된다.

유충인 밀웜은 도마뱀·양서류·물고기·닭 등의 먹잇감으로 썼다. 뒤늦게 근래에 와서 사람들도 먹기 시작하였으니 밀웜은 단백질 함량이 높아 식품 원료로 가치가 있다 하여 걸음마 수준이지만 미래 식량 자원으로도 각광받고 있다. 아무럼 시중에 이미 스낵이나 요리로 팔리고 있다. 밀웜 유생 사육은 아주 쉽다. 콩가루·귀리(겨)·밀기울에 우유와 효모를 넣어 주고 수분 공급용으로 자른 토마토·당근·사과를 넣어 주어 대량으로 키운다. 상업적으로 키울 때는 먹잇감에 탈피를 방해하는 유충호르몬juvenile hormone을 섞어 주어서 번데기가 되지 않고 영원히 애벌레로 머물게 하여 이른바 '대자 밀웜giant mealworm'을 만든다. 잘 키우면 1년에 6세대까지 갈 수 있다.

자고이래로 우리도 메뚜기나 방아깨비(암컷), 누에 번데기는 벌써부터 걸신 걸린 듯 게걸스레 먹어 왔다. 딱정벌레목 꽃무지과에 속하는 몸길이 17~24밀리미터인 흰점박이꽃무지 유충(꽃벵이)과 갈색거저리 유충(고소애)은 식용으로 식품의약품안전처(식약처)가 한시적이지만 이미 인정하였다. 장수풍뎅이와 귀뚜라미도 곧 추인할 것이라 한다. 진작 해야 할 일로 사실 서둘러도 모자랄 판이고 늦었다 하겠다. 꽃벵이는 보통 말하는 굼벵이로 예로부터 초가지붕에서 채집하거나 사육해 널리 판매했던 것이다. 고인이 된 대학 동창 한 사람도 굼벵이가 간을 보한다 하여 참 많이도 먹었는데…….

유엔식량농업기구 자료에 따르면 전 세계에서 20억 명이 1,900여 종의 곤충을 먹고 있다는데, 딱정벌레·꿀벌·말벌·개미·메뚜기·귀뚜라미·나비·나방에 심지어 파리·모기도 그 속에 든다. 태국 치앙마이를 갔을 적에 대뜸 객기를 부려 허름한 야시장을 졸래졸래 일부러 찾은 적이 있었다. 아니나 다를까 두리번거리다 보니 가까이에 곤충을 튀겨 파는 집이 있다. 개구리부터 개미 알·전갈·매미 등이 소쿠리에 한가득 두둑이 쌓여 있었다. 강퍅한 집사람이 괴기스럽고 지질하다고 고개를 가로저었지만 아

밀웜 요리

랑곳하지 않고 용기백배! 포시럽고 썩 고소하면서 바삭거리는 것
이 그 풍미가 일품임을 미처 몰랐네!

　근래는 변변치 못하고 시답잖은 갈색거저리 유충(밀웜)이 플라
스틱의 일종으로 도처에 널려 있어 환경을 더럽히는 스티로폼을
가뿐히 먹어 치우는 것을 알아냈다고 한다. 신통방통하게도 거저
리의 창자 속 미생물이 플라스틱을 소화시킨다고 하니 환경 보호
에도 안성맞춤인 좋은 곤충이라 하겠다. 꿩 먹고 알 먹는다더니
만……

3부

우리에게
도움을 주는
고마운
기부자들

독을 지닌 광택 내는 나무

옻나무

초동목수焦童牧竪란 땔나무하는 아이와 소 먹이는 총각이라는 뜻으로, 배우지 못해 식견이 좁은 사람을 이르는 말이다. 필자도 산에서 땔나무나 소 꼴 말고도 풋거름(녹비綠肥)할 생풀이나 생나무 잎을 많이도 했다. 그때마다 정신을 차려 피한다고 애를 썼지만 널린 게 옻나무라 건드리기 일쑤였다.

옻나무에는 유독 물질인 우루시올urushiol이 들어 있어서 옻을 타게 한다. 필자도 옻을 심하게·타는지라 어릴 적에 지겹게 올랐던 기억이 생생하다. 속절없이 얼굴에 울긋불긋 물집이 잡히고 여간 가려운 게 아니다. 그런데 옻독은 더럽게 해야 낫는다 하여 세수도 않고, 생쌀 한 움큼을 꾹꾹 씹어 만든 쌀 물을 뚱뚱 부은 팔뚝, 얼굴에 허옇게 바르곤 했다. 약 한 톨 없었던 진저리 나는 옹

옻나무 잎가지

© Aomorikuma

색한 삶, 지금 생각하니 초라한 그 몰골이 가관스럽기 짝이 없다. 그러나 너도나도 비슷하게 다 당하는 일이라 스스럼없었고, 야코 죽지 않았으며, 체면 따위는 아랑곳하지 않았다.

옻나무*Toxicodendron vernicifluum*는 옻나뭇과에 속하는 낙엽 활엽 교목으로 높이 20미터, 나무 지름이 40센티미터까지 자란다. 잎은 어긋나기 하는 겹잎compound leaf으로 홀수의 소엽leaflet이 9~13개가 달리고, 잔잎은 난형으로 가장자리가 밋밋하며, 가을에 새빨갛게 단풍이 든다. 중국이나 한국을 원산지로 여기며, 한국과 중국, 일본에서 많이 재배했다.

암수딴그루(자웅이주雌雄異株)이지만 한 나무에 암꽃과 수꽃이 다 피는 잡성화雜性花도 더러 있으며, 5월경에 연한 녹황색 꽃이 핀다. 암꽃엔 끝이 세 갈래로 갈라진 1개의 암술이 있고, 수꽃에는 5개

의 수술이 있다. 꽃잎은 5장이고, 꽃받침은 다섯 갈래이다. 개옻
나무보다 꽃이 성글게 달리고 잎줄기에 붉은빛이 적다. 10월경에
납작하고 둥근, 단단한 핵으로 싸인 열매가 열리며 겨울에도 가지
에 내내 매달려 있다.

　10년 가까이 자란 옻나무lacquer tree에 고무나무에서 생고무를 얻
듯이 칼로 깊숙이 가로줄을 죽죽 내면 흘러나오는 수액樹液을 얻
을 수 있다. 수액에 든 우루시올은 공기 중의 산소와 반응하여 검
은 수지樹脂, resin로 굳어지면서 맑고 단단한 방수 물질로 바뀐다.
옻나무를 'varnish tree'라고 하는데 이는 '광택 내는 나무'란 뜻이
다. 옻(칠)은 광택제로 나무 재질에 윤을 내고, 얇은 막을 형성하
여 코팅 효과를 내기에 방수·방습에 좋다. 또 옻칠을 한 밥그릇에
음식을 담아 두면 잘 상하지 않는다고 한다.

　특히 옻칠은 나전칠기螺鈿漆器로 이름을 떨친다. 나전칠기는 옻
칠한 목재에 얇게 간 조개껍데기(나전螺鈿, 자개)를 여러 형태로 오
려 박는다. 이것 말고도 책상·악기·만년필·귀금속·활 등의 칠
에도 널리 쓰이고, 한방에서는 옻(건칠乾漆)을 약재로 사용하며, 요
새는 머리 염색약에도 쓴다.

　옻닭 이야기다. 먼저 황기·감초·칠피(옻 껍질)를 넣고 푹 달인
다. 닭의 배에다 찹쌀·대추·밤·마늘·인삼을 쟁여 넣고 실로 꿰
매어 앞의 약재 삶은 국물에 넣고는 닭살이 물렁물렁 무를 때까
지 푹 끓인다. 예로부터 옻은 소화를 돕고 염증을 풀어 주며, 피
를 맑게 하고 살균 작용을 하며, 몸을 따뜻하게 보한다고 하였다.

옻나무 열매   © Aomorikuma

특히 옻(우루시올)은 암세포 억제·항산화 효과가 매우 뛰어난 것으로 보고되고 있다. 독毒도 잘 쓰면 약藥이 되는 본보기라 하겠다. 옻 중독lacquer poison은 옻나무에서 나오는 진액(우루시올)에 의해 일어나는 접촉성 피부염이다. 여느 식물이나 다 제 몸을 보호하기 위한 독 물질을 만들지만 옻나무가 유별난 축에 든다. 옻나무가 피부에 스치면 가려움과 함께 피부에 붉은 반점이나 구진丘疹이 솟는다. 정도가 심하면 병원을 가야겠지만 그렇지 않으면 부신 피질 호르몬 연고를 발라 두면 저절로 가라앉는다.

옻나뭇과에는 옻나무 말고도 개옻나무Toxicodendron trichocarpum와 붉나무Rhus chinensis가 있다. 필자가 매일 걷는 산길 가에 늘비하게 서 있는 개옻나무들이 막 우듬지에 새순이 볼록볼록 솟기 시작했다. 개옻나무는 그다지 쓸모없다는 뜻에서 이름에 '개' 자가 붙었고, 야산 허리나 산기슭에 자생하며, 옻나무에 비해 왜소한 것이 대가 가늘고 키도 작다. 이 또한 옻나무보다는 덜하지만 우루시올의 알레르기 현상이 있으니 주의해야 한다.

또 붉나무는 독이 거의 없지만 옻을 심하게 타는 사람은 잎줄기의 상처 난 곳에서 흐르는 유액을 만지지 않는 것이 좋다. 그런데 붉나무 하면 오배자五倍子, gallnut다. 이것은 붉나무에 기생하는 진딧물Melaphis chinensis이 잎을 파고들어 만든 혹(주머니) 모양의 벌레집인데, 좋은 오배자는 크고 두꺼워 부서지지 않는다. 진딧물 암컷이 혹 안에 1만여 마리가 들어 있다 하고, 오배자는 77퍼센트가 타닌tannin이어서 약용뿐만 아니라 잉크의 원료로도 쓰인다. 한방에서는 설사·위 궤양·십이지장 궤양·기침 등에 처방한다.

붉나무 열매 겉면에는 짠맛이 나는 흰색 물질이 소금처럼 생기기 때문에 소금이 귀했던 시절엔 열매를 소금 대용으로 썼다. 그래서 붉나무는 '소금 나무'로 중국에선 염부목鹽膚木이라 부른다. 물론 그 짭짜름한 맛은 말산칼슘calcium malate($CaC_4H_4O_5$)으로 소금($NaCl$)과는 전혀 다른 물질이다. 그러나 오지의 산골 마을에서는 두부에 간수로 배추나 무 저림에도 썼다고 한다. 궁즉통窮則通이라, 궁하면 통한다고 했지.

뭇 짐승의 보금자리가 되는 검질긴 식물

청미래덩굴

청미래덩굴(명감나무chinese smilax) 잎
은 예로부터 상하기 쉬운 음식을 간수하거나 싸는 데 쓰였다. 아
마도 망개떡을 들어 봤을 것이요, 먹어 본 이도 더러 있을 터다.
망개떡은 멥쌀 가루를 쪄서 치대어 거피去皮한 팥소를 넣고, 반달
이나 사각 모양으로 빚어, 두 장의 어린 망개나무 잎 새에 넣어 찐
것이다. 경상남도 의령 지역의 전통 식품으로 전국적으로 이름났
으니, 떡에 잎의 풋풋한 향이 밸뿐더러 잘 변하거나 썩지 않는다.
이는 송편의 원리와 다르지 않다. 솔잎을 깔고 떡을 찌면 솔향기
도 향이려니와 쉬 상하지 않는다. 이렇듯 조상의 슬기는 아무리
과찬해도 모자란다 하겠다.

자고이래로 우리나라와 왕래가 하고많았던 일본 칸사이(관서

關西) 지방에서는 떡갈나무 잎 대신 청미래덩굴 잎으로 떡을 싸는 습속習俗이 있다 한다. 일본 사람들의 그런 풍속은 우리나라에서 전래된 것이렷다. 그렇다. 얼마 전에 북한산 망개나무 잎이 중국 산으로 둔갑 변신되어 일본으로 수출된 일도 있었다고 한다.

청미래덩굴*Smilax china*은 잎맥이 나란히 나는 외떡잎(단자엽單子葉)식물로 백합과의 여러해살이 낙엽 덩굴성 목본식물이다. 백합과는 모두 초본草本이지만 청미래덩굴속의 것들은 목본木本이다. 청미래덩굴은 양지바른 산자락에 많고, 둥근 열매가 빨갛게 익으며 그것을 향명鄕名으로 명감 또는 망개라 한다. 전 세계적으로 한국·일본·중국·대만·필리핀·인도차이나(베트남·라오스·캄보디아)에 자생한다. 우리나라에서는 특히 중남부 지방에 자생하며, 필자가 사는 춘천 근방만 해도 이것은 보기 어렵고, 대신 같은 속의 밀나물*S. riparia var. ussuriensis*은 내 밭가에도 지천으로 난다. 그래서 초봄이 되면 나물이나 국거리로 쓰려고 밀나물 새순을 따느라 사람들 손길이 바쁘다.

청미래덩굴의 잎은 큰 것은 길이 10센티미터 정도로 어긋나고 (호생互生), 원형에 가까우며, 질긴 것이 두껍고, 앞면은 반질반질 윤기가 나며, 가장자리가 밋밋하다. 잎자루(엽병葉柄)는 짧고, 잎 끝이 갑자기 뾰족해지며, 기부에 잎맥 예닐곱 개가 뚜렷하고, 잎자루 밑에는 턱잎(탁엽托葉)이 변한 한 쌍의 덩굴손이 난다.

줄기는 3미터 정도로 뻗고, 반복해서 두 갈래로 갈라진다. 스스로 바로 서지 못하고 이웃 나무를 버팀목 삼아 기대어 덩굴손으

청미래덩굴
© bastus917

로 감아 올라간다. 야문 줄기는 마디마다 굽으며, 군데군데 돋은 독특한 갈고리 같은 날카로운 가시가 난다. 가시는 약간 아래쪽으로 향해 있어 다른 나무에 척 걸치게끔 되어 있다.

그렇게 사방팔방으로 가지를 키워 나가 한참 나대던 소도 거치적거리는 거센 망개 덤불밭 가까이 가기를 꺼린다. 빽빽하게 얽히고설키어 다른 동물들이 얼씬도 못 하기에 겨울 꿩이나 산토끼가 깃들고, 보금자리를 틀기도 한다.

햇가지는 녹색을 띠지만 점차 적자색이 되며 더 묵으면 말라빠지면서 적갈색이 된다. 청미래덩굴은 어느새 뭉실뭉실 자라 숲길 양편을 가로질러 걸터앉는다. 이놈들이 대드는 날에는 무진 애를 먹는다. 얼굴이나 손에 생채기가 나는 것은 물론이고 남루한 옷자락에 치덕치덕 걸리는 날에는 힘센 가시가 끝까지 물고 늘어지니 쩔쩔 맨다. 아무리 용을 써도 앙상하고 검질긴 버거운 놈들을 맨손으로 어찌할 도리가 없다. 낫이 없었다면 속절없이 사력을 다해 몸부림치다가 기어코 옴팡 당하기만 하고 진이 다 빠져 원한의 복수를 하지 못할 뻔했다.

이 식물은 암수 꽃이 딴 나무에 피는 암수딴그루다. 꽃은 5월에 잎과 함께 생겨나고, 우산살처럼 갈라진 꽃대가 나오며, 노란 암꽃은 암술이 1개이고, 수꽃은 수술이 6개로 노란 꽃가루가 나온다. 명감나무 풋 열매는 연한 녹색으로 올망졸망 모여 달리

© 42sneha

청띠신선나비

는데 그것이 '푸른 머루 같다' 하여 청미래덩굴이란 이름을 갖게 되었다. 열매 하나하나에는 황갈색 씨앗이 5개씩 들었다.

이 나무 또한 나의 어린 시절의 해묵은 추억이 그득히 담겼다. 우리 시골 뒷산에도 가는 곳곳마다 녀석들이 즐비하니, 구슬 모양으로 뭉쳐난, 눈부시게 새빨간 열매 송이를 줄기째 꺾어다 꽃꽂이나 벽에 달아 놓아 집치장을 한다. 억센 줄기에 앙칼스런 가시와 보석 같은 빨간 열매가 고상하고 우아한 멋을 잔뜩 풍긴다.

바로 요맘때다. 지금 생각하면 궁상맞다 하겠지만 하루가 멀다 하고 동무들과 시시덕거리며 물리도록 명감나무 열매를 따 먹었다. 파삭파삭한 것이 단맛이 나며, 속살은 먹고 씨는 툇 하고 뱉는다. 실은 그 열매는 산새들의 겨울 양식이었던 것으로 열매를 먹은 산새는 소화되지 않는 씨앗을 똥으로 산지사방 퍼뜨려 주니 세상에 공짜는 없는 법이다. 또 네발나비의 일종인 청띠신선나비

Kaniska canace 유충이 잎을 먹는다.

청미래덩굴의 뿌리는 달여서 약용한다. 뿌리는 주판알 꼴을 하고, 뿌리 껍질은 붉은 갈색이며, 산귀래山歸來 또는 토복령土茯苓이라 한다. 한방에서는 간 질환·신장병·이뇨·설사·이질 등의 치료약으로도 쓴다. 또한 이른 봄 보들보들하고 연분홍색의 새순을 따서 나물로 먹으며, 중국에서는 부침개를 해 먹는다고 한다. 그리고 불을 때도 연기가 나지 않고, 비에도 젖지 않아서 도망 다니거나 숨어 살 적에 땔감으로 썼다 한다. 세상에 쓸모없이 태어난 것은 없다더니만…….

언필칭 한국인의 대표 먹거리

두릅나무

식물이 생기를 내기 시작해야 동물
들이 활동을 개시한다. 먹잇감 식물植物(食物)이 물이 오르고 꽃을
피워야 동물도 따라서 나래를 펴는 법. 나비와 벌이 없으면 꽃을
피우지 않듯이 꽃이 피지 않았는데 봉접蜂蝶이 넘놀 리 만무하다.
해마다 봄은 따뜻한 남녘에서 평균 매일 37킬로미터 속도로 북
상하고, 또 산자락에서 산꼭대기로도 슬금슬금 고개를 들고 기어
오른다. 말해서 바야흐로 화란춘성花爛春盛하고 만화방창萬化方暢이
로다.

똑 이맘때면 우리 시골 마당 가의 두릅나무도 새록새록 새순이
돋는다. 또 뒷산 자락 비탈진 너덜밭에 소나무를 벌목하고, 땅을
일구어서 고향 친구들이 일부러 심어 놓은 두릅나무 우듬지에도

두릅나무 잎줄기

쑥쑥 새움이 솟고 있겠지. 친구들이 꽤 바쁘게 생겼다. 사실 가을 곶감과 봄 두릅 벌이가 논밭 농사를 훨씬 웃돈다고 한다. 두릅 싹이 거의 집뼘(집게뼘)만큼 올라오면 나무에서 따 가려내 장에 내다 팔거나 사러 오는 사람에게 모개(도매)로 넘긴다.

두릅나무 줄기 맨 끝의 봄 순(정아頂芽)은 보통 두어 번 딴다. 물론 뒤에 나는 부실한 물건은 대궁이가 통통한 맏물에 비할 게 못 된다. 그런데 두릅나무는 성장 속도가 빠른 만큼이나 수명이 짧아 보통 10년이면 고사한다. 그리고 원줄기에 껍질눈(피목皮目, lenticel)이 많이 나 있어 줄기를 부러뜨리거나 잘라도 거침없이 새순이 난다.

두릅나무Aralia elata는 두릅나뭇과의 낙엽 활엽 관목으로 전국의 야산에 비교적 흔하게 나고, 떼 지어 군락을 이루니 이는 뿌리가 옆으로 퍼지기 때문이다. 햇볕이 잘 드는 숲 가장자리에 거름기 있고 축축한 땅에 잘 자란다. '나무 머리에 달린 나물'이란 뜻으로 일명 목두채木頭菜라 하고, 한국·일본·중국·극동 러시아가 원산지로 주로 그곳들에 자생한다. 두릅나뭇과에는 대표적으로 인삼과 땅두릅, 개두릅, 가시오갈피 등이 있다.

두릅나무angelica tree의 외줄기는 굽지 않고 줄곧 위로만 미쭉하게 자라며 옆가지(측지側枝)를 뻗지 않는다. 큰 것은 5미터 넘게 자라고, 줄기에는 워낙 억센 가시가 돋치고, 잎사귀에도 까슬까슬한 잔가시가 촘촘히 나기에 두릅을 딸 때는 목장갑 바닥에 수지 성분을 입힌 반 코팅 장갑을 낀다.

잎은 아까시나무 잎처럼 홀수깃꼴겹잎(기수우상복엽奇數羽狀複葉, 잎줄기 좌우에 몇 쌍의 작은 잎이 짝을 이뤄 달리고 그 끝에 하나를 매단 잎)으로 잔잎(소엽)은 각각 7~11쌍씩 달리고, 넓은 난형 또는 타원형이며, 가장자리에 톱니(거치鋸齒)가 있다. 잎은 가을에 노랗다가 나중에 붉게 물든다.

꽃은 7~8월에 햇가지 끝에 한가득 달리고, 양성화라 한 꽃에 암술과 수술이 함께 나며, 암술·수술·꽃잎·꽃받침 모두 5개씩으로 충매화다. 열매는 딱딱하고 둥글고, 익으면서 검게 변하며, 그 속에 갈색 종자가 5개 들어 있다. 주로 새들이 씨앗을 퍼뜨린다. 이를 '조류산포鳥類散布'라고 한다.

두릅 뿌리와 열매는 약용하고, 어린순은 식용한다. 한소끔 데친 참두릅나물을 초고추장에 찍어 먹으면 풋풋하고 향긋한 것이 아

두릅

ⓒ imakatsu

삭아삭 씹히는 맛이 가히 일품이다. 무침 말고도 김치·튀김·샐러드·장아찌·부각·찰부꾸미를 해 먹고, 쇠고기와 함께 꼬치에 끼워 두릅적을 지져 먹기도 하며, 약술로 담가 먹기도 한다. 그런데 외국 문헌을 찾아보면 일본 소개는 튀김뿐이고 죄 우리나라 요리 이야기만 나온다. 아무래도 우리나라가 언필칭 두릅 종주국인 셈이다.

산나물인 두릅에는 단백질·지방·당질·섬유질·인·칼슘·철분·비타민(B1, B2, C)·사포닌saponin이 들었고, 특별히 사포닌이 많아서 인삼 맞잡이로 두릅만 한 게 없다. 혈당을 내리고 혈중 지질을 낮추며, 절통·기침·당뇨병·위염 등의 치료에 쓴다고 한다.

다음은 흔히 말하는 '땅두릅'과 '개두릅' 이야기다. 독활獨活, Aralia cordata을 땅두릅이라 부르며 참두릅과 같은 두릅속Aralia에 든다. 땅두릅은 높은 산 숲속 비탈(사면斜面)의 덤불에 자라는 여러해살이 풀이다. 순과 잎줄기가 천생 나무 두릅을 닮았고, 이른 봄 땅(밭)에서 파낸 어린순을 역시 나물해서 먹는다. 강원도와 충청도에서 밭에다 많이 키운다고 한다.

여러해살이 풀인 독활(땅두릅)은 꽃을 제외한 전초全草에 털이

나고, 줄기는 높이 150센티미터쯤 자라며, 속은 비었다. 잎은 어긋나고, 두릅과 마찬가지로 홀수깃꼴겹잎이다. 소엽은 각각 3~9장씩 달리고, 난상 타원형이며, 가장자리에 톱니가 있다. 우리나라, 중국, 러시아에 분포한다. 다시 말하지만 땅두릅은 나무가 아니라 풀로 줄기에 뻣뻣한 가시가 없는 것으로 나무 참두릅과 구분된다.

개두릅나무는 음나무*Kalopanax septemlobus*를 이르는 말로 두릅나뭇과의 낙엽 교목이다. 시골 우리 집 대문 앞에도 줄기에 무수히 많은 예리한 가시를 잔뜩 매달고 홀로 우람하게 쩍 버티고 서 있다. 잎은 어긋나고 둥글며 가장자리가 5~9개로 깊게 갈라지며, 찢어진 갈래 잎(열편裂片)에 톱니가 있다. 어린잎은 식용하는데 치대서 데친 나물이 씁쓰레하다. 뿌리와 나무껍질은 약용하며, 암에 좋다 하여 다 파 가고 잘라 가서 결딴이 났다고 한다. 옛날 농촌에서는 잡귀가 드는 것을 막기 위해 개두릅 나뭇가지를 꺾어 대문에 꽂아 두기도 했다.

결론이다. 보통 많이 먹는 참두릅은 키가 그리 크지 않은 관목灌木, shrub이라면 독활(땅두릅)은 풀이고, 음나무(개두릅)는 줄기가 자그마치 25미터에 달하는 키다리 교목喬木, arbor인 점이 서로 다르다. 비슷하면서도 저마다 다 다르니 하나로 취급해서는 세 식물 모두 서운할 터이다.

술을 맹물로 바꾸어 버리는 신기한 식물

헛개나무

이 글을 읽기 전에 독자들에게 질문 하나를 드린다. 당신의 간이 어디에 자리하고 있는지 손으로 정확하게 짚어 보시라는 것이다. 간 질환을 앓지 않은 다음에는 더러 헷갈릴 것이다. 수업 시간에 제자들을 놓고도 으레 괜한 장난(?)을 하는데 많은 학생들이 그 소중한 간의 자리 하나도 알지 못한다. 자기 몸에 대해서도 이렇게 무심한 사람이 어찌 꼭꼭 숨어 있는 '자연의 비밀'을 들여다볼 수 있겠나 하고 퉁바리를 준다.

간은 가로막(횡격막diaphragm) 아래, 오른쪽 갈비뼈 밑(우상 복부)에 있는 장기로 탄수화물·단백질·지방 대사와 쓸개즙 분비·빌리루빈·비타민·무기질·호르몬 대사 및 해독 작용·살균 작용 등등 400여 가지의 주요 물질 대사 기능을 담당한다. 또 간은 무려

헛개나무

1.5킬로그램으로 내장 기관들 중에서 가장 크고 무겁다.

　필자는 간에서 돌(담석膽石, gallstone)이 마구 별똥별(유성)처럼 쏟아지는 체질이라 쓸개(담낭)를 떼 내버려 이른바 '쓸개 빠진 놈'이 되고 말았다. 그래서 지금도 담석 녹이는 알약을 먹고, 만날 헛개나무가 든 요구르트를 마신다.

　헛개나무*Hovenia dulcis*는 갈매나뭇과의 잎이 지는 넓은 잎 큰키나무(낙엽 활엽 교목)로 줄기가 10~17미터 정도로 자라는 아주 큰 나무다. "이 나무 밑에서는 술이 맥을 못 추고 썩어 헛것(쓸모없음)이 된다"고 하여 헛개나무라 부른다고 하고, 향어로 호깨나무·호리

깨나무·지구자나무라 하며, 한자어로는 枳椇(지구), 중국에서는 만수과萬壽果라 부른다.

헛개나무oriental raisin tree는 원산지가 한국일 것으로 추측되고, 한국·일본·중국·히말라야에 분포한다. 또 깊은 산중에 나고, 양지의 축축한 모래 섞인 양토壤土에서 잘 크며, 요새 와서는 간에 좋다는 소문이 파다하여 곳곳에서 약재나무로 많이들 심는다.

잎은 길이 8~15센티미터로 어긋나기하고, 넓은 타원으로 뽕잎을 닮은 것이 가장자리에 자잘한 톱니가 있고, 잎맥에 잔털이 나면서 가을엔 노랗게 물든다. 또 어린 나무껍질(수피)은 갈색이나 회갈색이고, 매끄럽고 밋밋하지만 묵을수록 암갈색으로 변하면서 논바닥처럼(직사각형) 거칠게 쩍쩍 트고, 작은 가지는 껍질눈이 많다. 그리고 비교적 나무가 연하며, 건축재·가구재·악기 재목 등으로 쓰인다.

나이를 먹어 8년생이 되면 드디어 꽃이 피고, 열매가 달린다. 꽃은 암수갖춘꽃(양성화)으로 6~7월에 가지 끝에 녹색이 도는 흰색으로 피고, 꽃잎은 5개이며, 암술대는 셋으로 갈라진다. 열매는 9~10월에 검붉은색으로 여물고, 꼭지 쪽이 둥글납작한 단지 모양이며, 단단한 핵으로 싸인 다갈색 씨앗은 윤기가 난다. 열매는 겨울에도 가지 끝에 매달려 있어서 산새들이나 너구리 같은 짐승의 먹잇감이 되고, 단단한 씨앗은 소화가 되지 않고 똥에 묻어 나오기에 먼 곳까지 퍼진다.

열매가 익을 무렵이면 열매 줄기(과경果莖)는 달착지근한 것이 은은한 향이 나며, 날걸로도 먹는다. 그런데 그것이 마르면 건포도·정향·계피·설탕을 섞은 맛이 난다. 그래서 추출물을 꿀 대용으로 하고, 와인이나 식초, 사탕을 만드는 데도 쓴다고 한다.

어린잎은 한소끔 데쳐서 쌈으로 먹거나 생것을 소금물에 삭혔다가 장에 박아 장아찌를 담가 먹는다. 뿌리(지구근枳椇根)는 수시로, 줄기 껍질(지구목枳椇木)은 가을과 겨울에, 잎(지구엽枳椇葉)은 봄과 여름에 채취한 뒤 말려서 숙취·간 질환·소화 불량·구토 등에 쓴다. 특히 간 질환에는 말린 것을 달여 마시는데 독성이 좀 있어 까딱 잘못해서 정량 이상을 먹거나 오랜 기간 먹으면 안 된다고 한다. 독도 적당히 잘 써야 약이 되는 것이다.

또한 농익어서 짙은 갈색으로 변한 열매(지구자枳椇子)는 가을에 채취하여서 독성이 있는 씨앗은 버리고, 말려서 소화불량이나 체한 데 쓰고, 봄에 줄기에서 수액을 채취하여 간 질환이나 위장병에 물처럼 마신다. 한국·중국·일본의 전통 한의학에서 고열·변비·기생충 감염·간 질환·숙취에 썼다고 한다.

그리고 헛개나무에 든 대여섯 가지의 중요 성분 중에서 특히 디하이드로미리세틴dihydromyricetin과 디하이드로플래보놀dihydroflavonol이 에탄올 분해에 관여하는 것으로 알려져 있다. 다시 말해서 이들 물질이 술을 분해하는 효소인 알코올 탈수소 효소alcohol dehydrogenase: ADH와 알데히드 탈수소 효소aldehyde dehydrogenase:ALDH의 기능을 항진시킨다는 말이다. ADH와 ALDH 효소를 만드는 내림성 유전인자(DNA)가 없는 사람은 에탄올을 분해하지 못하기에 술을 마시지 못한다. 아니, 마셔서는 절대로 안 된다.

그렇다. 간과 쓸개는 바로 위아래로 서로 이웃하는 바람에 "간에 붙었다 쓸개에 붙었다 한다"는 속담도 생겨났다. 그리고 서로 죽이 맞아 속마음을 털어놓고 친하게 사귀는 것을 놓고 간담상조 肝膽相照라 한다. 아무렴 쓸개 친구를 잃어버린 내 간은 얼마나 쓸쓸할까. 또 간 이야기가 나올 때마다 대학 교수를 하다가 50대에 요절한 대학 동창 한 사람을 그리게 된다. 간 질환(간경화)도 내림하는지라 부자, 형제가 모두 같은 병으로 세상을 떠났다. 아무렴 어때, 개똥밭에 굴러도 좋으니 모쪼록 오래 살고 볼 일이다.

치자나무

시골 부모님 묘소(산소)를 우람한 배롱나무(목백일홍木百日紅)가 지켜 주고, 그 나무 바로 앞에 이제는 내 키를 젤 만큼 자란 치자나무 한 그루가 있어 그들도 외롭지 않아 좋다. 고향을 내려갈 때마다 "우리 아버지, 어머니를 잘 부탁한다"고 수인사修人事하며 발걸음을 돌린다. 그러고 보니 나는 정녕 부모님 뫼 지킴이보다 못한 데데한 호래자식이로다.

치자나무Gardenia jasminoides는 꼭두서닛과에 속하는 높이 1~2미터 남짓되는 상록 관목evergreen shrub으로 나무줄기 껍질(수피)은 회색이다. 늦겨울에도 잎이 지지 않는 늘 푸름(만취晩翠)의 나무다. 그런데 여기서 만취는 늙어서도 지조를 바꾸지 아니함을 빗대 이르는 말이기도 하다. 또 종소명인 'jasminoides'는 그 향이 재스민

jasmine과 비슷한 데서 말미암았다고 한다.

아시아가 원산지로 베트남·남중국·대만·일본 남부·미얀마·인도 등지에서는 산야에 야생으로 자라지만 우리나라에서는 따듯한 남도 지방에서만 재배되는 관상식물이다. 중국에서는 송나라 때부터 수천 년간 키워 왔고, 거기에서 퍼져 나가 유럽, 아메리카 등지에서 심기 시작했으며, 원예종으로 140여 품종이 있다고 한다.

잎사귀는 마주나기(대생對生, opposite)하거나 3장의 잎이 돌려나기(윤생輪生, whorled)하고 긴 타원형이다. 길이는 3~10센티미터로 앞면이 반들반들하고, 테두리가 밋밋하며, 짧은 잎자루(엽병)와 뾰족한 턱잎(엽탁)이 있고, 잎맥(엽맥)이 매우 또렷하다. 잎에 흰줄이 있거나 노란색 반점이 있는 것, 잎이 좁은 것 등등 매우 다종다양하다.

꽃은 양성화로 봄여름에 피고(6~7월에 최고조에 달함), 보통 가지 끝에 1개씩 달리는 홑꽃single flower이지만 겹꽃double flower도 재배종cultivar으로 개발되었다고 한다. 꽃잎은 청초, 순결하다고나 할까. 눈부시게 하얀 젖빛(유백색)이거나 엷은 노랑색으로 시간이 지나면서 황백색으로 바뀐다.

꽃은 잎겨드랑이나 가지 끝에 피고, 꽃잎은 5~7개이며, 큰 암술 하나에 수술은 5~7개이다. 꽃잎은 긴 거꿀달걀꼴(도란형倒卵形)로 은은하고 향긋한 꽃 향기가 매우 짙다. 반쯤 핀 꽃봉오리 때에는 꽃잎이 비틀려 감겨 있다. 화발반개花發半開요, 주음미취酒飮微醉

라, 꽃이 반쯤 피
었을 적에 곱듯
이 술도 살짝 취
해야 멋지다! 그
런데 그게 어디
그리 쉽던가? 끝
판엔 사람이 술
에 먹히고 만다.

© Alpsdake
치자나무

적정 생육 온도는 16~30도로 따뜻한 곳을 좋아하고, 토양에
대한 적응성이 매우 뛰어나긴 하지만 물 빠짐(배수)이 잘되고, 양
지바른 산성 토질에서 잘 자란다. 철분 흡수를 좋게 하는 산성 토
양을 유지하기 위해 일부러 식초나 레몬 주스를 흙에 뿌려 주기
도 한다는데 철분이 부족하면 엽록소 형성이 안 되는 백화현상
chlorosis이 일어나기 때문이다. 그리고 종자 발아가 잘되는 식물로
강한 볕에 약하므로 반그늘에 심어 주는 것이 좋다.

꽃에서는 아주 진한 냄새가 풍긴다. 그래서 하와이에서는 꽃목
걸이인 레이lei로, 태평양 섬나라의 폴리네시아 사람들은 꽃다발
로 즐겨 쓴다. 꽃은 향이 강하여 멀리까지 퍼지고, 또 꽃과 열매가
아름다워서 관상수로 으뜸이다. 그렇다. 난향백리蘭香百里, 묵향천
리墨香千里, 덕향만리德香萬里라고 했다. 참 넉넉하고 깊은 맛이 풍기
는 귀한 말씀들이다!

가을에는 치자 열매가 주황색으로 익는다. 열매는 타원형으로

길이 3.5센티미터 안팎이고, 보통 세로로 6개의 모서리(육각)가 나고, 열매의 바깥은 적갈색 또는 황갈색을 띠고 있으나 속은 황갈색이다. 열매 안은 두 개의 방으로 나누어져 있고, 종자는 5밀리미터 정도로 편평하며 덩어리로 엉겨 있다.

치자는 열매뿐만 아니라 꽃도 한약 및 생약재로 널리 쓰였는데 특히 열매는 간염·황달·토혈·지혈·소염 등에 효능이 있다고 한다. 그리고 꽃에 있는 꽃 기름(향지香脂)이 피로 회복·해열·식욕 증진에 효험이 있다 하고, 최근에는 치자 속 물질이 암세포 증식을 억제한다는 것이 알려졌다고도 한다. 마냥 고마운 푸나무들이로고!

또 가을 햇볕에 말린 열매에서 우려낸 황색 물감으로 옷감을 염색하거나 녹두 빈대떡이나 전 같은 음식을 노랗게 물들이는 데 썼다. 치자의 황색 색소는 물에 쉽게 녹는 크로세틴crocetine과 크로신crocin이라는 색소가 대표적이다. 이것들은 카로티노이드carotinoid에 속하는 색소인데 일단 물들면 오래오래 바래지 않는다. 20세기 들어와 우리나라 전통 염색이 다 사라질 때도 수의나 음식(치자국수), 향수 등 생활에 널리 사용됐다. 한마디로 홍화紅花, 쪽藍과 함께 길이길이 전통 염색의 버팀목 역할을 했다.

갑자기 이해인 수녀의 「7월은 치자꽃 향기 속에」란 시가 생각난다. "7월은 나에게 / 치자꽃 향기를 들고 옵니다 // (……) 조그만 사랑을 많이 만들어 / 향기로운 나날 이루십시오."

크리스마스트리로 사용되는 한국의 전나무

구상나무

구상나무는 겉씨식물(나자식물裸子植物), 소나뭇과의 상록 침엽 교목으로 한국 특산 식물이고, 전나무, 분비나무와 아주 비슷한 형제 나무이다. 우리나라가 원산지로 제주도 한라산, 전라남도 무등산, 전라북도 덕유산, 경상남도 지리산 등지의 고산지대(1,000~1,900미터)에 자생하고, 가장 많은 곳은 역시 한라산이다. 그런데 얼마 전에 국립 공원 관리 공단이 속리산 북쪽 소백산에서 구상나무 100여 그루가 자생한다고 밝혔다. 북방한계선이 한참 올라간 것을 확인한 셈이다.

구상나무Abies koreana('한국에 나는 전나무'란 뜻임)는 키 10~18미터, 본줄기 지름 0.7미터에 이르는 수형樹形이 원뿔이나 피라미드 꼴을 한 기품 있고 미려한 싱그러운 나무로 고산의 서늘한 숲속

구상나무

에서 자란다. 이 나무는 88올림픽 심벌 나무로 지정되기도 했고, 유럽 사람들이 특히 좋아하여 구상나무가 많은 한라산을 관광 코스로 잡는 이들도 있다고 한다. 그러나 턱없는 분포 면적 감소로 세계자연보전연맹^{IUCN}이 1998년 멸종 위기 근접종으로 평가했다가 2013년에는 멸종 위기종으로 지정하기에 이르렀다.

구상나무는 어느 곳이든 잘 사는 편이며 어려서는 약한 그늘을 좋아하고, 자라면서 햇볕(양광)을 필요로 한다. 또 수피는 회백색으로 미끈하지만 묵어 노수老樹가 되면 껍질이 거칠어지고, 어린 가지는 누르스름하지만 나중에 갈색으로 변한다.

반질반질 광택이 이는 작은 바늘잎(침엽$^{needle\ leaf}$)은 돌려나고(윤생), 바소꼴(피침 모양)로 납작하다. 길이 9~14밀리미터, 너비 2.1~2.4밀리미터, 두께 0.5밀리미터인 잎사귀 위는 윤이 나는 짙은 녹색이고, 아래 뒷면은 반짝거리는 은색이며, 두 줄의 기공^{stoma} 띠가 나고 끝자락은 움푹 패었다.

암수한그루(자웅동주)로 꽃은 6월경에 피고, 짙은 자줏빛 암꽃이삭은 보통 소나무처럼 가지 끝에 달리고, 자라서 타원형의 솔방울(송과松果)이 되며, 5~10개의 황갈색 수꽃 이삭은 타원형으로 길이 1센티미터 정도로 꽃가루(송화松花)가 생긴다. 9월경이면 비늘 조각이 여러 겹으로 포개진 녹갈색 또는 자갈색인 원뿔형 방울 열매(구과毬果, cone)로 익는다. 보통 나무는 열매가 고개를 숙이는데 특이하게도 구상나무 구과는 하늘을 향해 불끈 솟구치듯이 곧추서 달려 있다. 솔방울은 길이 4~7센티미터, 너비 1.5~2센티미터에 달걀 모양으로 솔방울 비늘이 활짝 바라지면서 수백 개의 날개 달린 씨앗(유시종자有翅種子, winged seed)이 알알이 날아 나온다.

　구상나무는 아주 어릴 적부터 열매를 맺기 시작하고, 나무 모양이 아름다워 정원 관상수나·공원수 등으로 좋으며, 재목은 건축재·가구재·펄프재로 쓴다. 유럽에서는 구상나무를 '한국 전나무Korean fir'로 부르고, 특히 크리스마스트리로 많이 쓴다. 서양에서는 원래 '독일가문비Picea abies'를 많이 썼는데 이 나무는 키가 커서 일반 가정에서는 사용하기 어렵다는 단점이 있었다. 반면 구상나무는 우람하고, 키가 작으면서 나무 향이 좋아 인기 수종으로 각광받게 되었다고 한다. 한마디로 서양 크리스마스트리는 엄연히 한국 구상나무를 개량한 품종들이다.

　구상나무를 신종 식물로 발표한 윌슨E. H. Wilson, 1876~1930은 영국 식물학자다. 구상나무는 분비나무Abies nephrolepis와 영 흡사하여 다들 분비나무로 여겨오다가 1920년 윌슨이 열매 비늘(과린果鱗)이 뒤로 젖혀진 점들이 분비나무와 다르다는 것을 발견하고 신종(한

구상나무 솔방울 ©Lestath

국 특산종)으로 발표하였다. 그럼 신종 발표까지의 발자취를 간단히 살펴본다.

프랑스 신부로 왕벚나무 표본 채집자이기도 한 타케E. Taquet, 1873~1952 와 포리Faurie R. P, 1847~1915 는 1901년부터 수십 년 동안 온 세계를 누비며 식물 표품들을 채집하여 유럽에 제공한 분들이다. 그런데 포리는 1907년에 한라산에서 구상나무를 채집하여 당시 미국 하버드대의 윌슨에게 제공한다.

윌슨은 포리가 준 표본을 보고 분비나무가 아닌 무언가 다른 종임을 직감하고 1917년에 직접 제주로 찾아온다. 그는 타케와 우리나라 나무 이름을 가장 많이 붙인 일본 식물학자 나카이 다케노신中井猛之進, 1882~1952과 함께 한라산에 올라 구상나무를 채집했다. 여담이지만 나중에 나카이는 눈앞에 있던 신종을 놓치고는 호천고지呼天叩地(몹시 슬퍼서 하늘을 우러러 부르짖고 땅을 침)했다고 한다.

윌슨은 연구 끝에 1920년 하버드대 부속 식물원인 아널드 식물원Arnold arboretum 연구 보고서 1호에 이 구상나무가 분비나무와 전혀 다른 신종임을 발표하기에 이른다. 그리고 그는 제주 방언으로 구상나무를 '쿠살낭'이라고 부르는 것을 보고 국명을 따라 지었다고 한다. '쿠살'은 '성게 가시'란 뜻으로 구상나무의 잎이 그처럼 생겼고, 또 '낭'은 나무로, '쿠살낭'이 음운 변화를 거쳐 '구상나무'가 됐다는 이야기다. 우리가 아는 동식물들의 국명이나 학명에 묻어 있는 깊은 내력이 그야말로 여간 놀랍지 않음을 새삼 느끼게 한다.

'쿠살낭'은 한때 영국 왕립 원예 협회 정원 훈장상을 받기도 했다고 한다. 아무튼 세상천지가 다 알아주는 나무를 여태껏 우리만 잘 모르고 있지 않았는지…….

겨울을 잘 참고 견디는 인내의 상징

인동덩굴

늙으면 과거를 파먹고 산다더니만 '인동덩굴' 글을 쓰려 드니 그만 또 애옥하게 살았던 어린 때로 되돌아가고 만다. 내가 어찌 여태 죽지 않고 살아 있을까, 하는 생각을 자주 한다. 유소년 시절에 먹는 것이 형편없어 호되게 단백질 부족에 시달렸던 것은 말할 것도 없고, 겨우내 목욕 한 번 못해 머리에는 까치집을 지었으며, 손을 베어도 바를 약이 없었다. 감기엔 인동덩굴이나 뜯어다 삶아 먹고, 배탈이 나면 어머니께서 쑥이나 익모초를 찧어 짜 주셨지. 어쩌면 한 치의 더덜이 없는 원시인의 삶이었다.

필자 또래들은 다 알겠지만 그때만 해도 다친 데 바르는 '아까징끼赤い薬'라 불렸던 옥도정기沃度丁幾(머큐로크롬)가 있었고, 세균

성 질환 치료에 특효인 설파다이아진^{sulfadiazine}이 있었다는데 언감생심이었다. 그 놈 몇 알만 먹어도 해마다 여름이면 걸린, 진저리 치는 그 지긋지긋한 설사(만성 대장염)를 단박에 잡았을 터인데…….

© Eurico Zimbres

인동덩굴

인동덩굴^{*Lonicera japonica*}은 동아시아(한국·중국·일본) 원산으로 인동과의 여러해살이 반상록^{半常綠, semi-evergreen} 활엽 관목으로 넝쿨은 3~5미터 정도로 뻗는다. 우리나라 전역에 자생하는 초본으로 종잡을 수 없이 번식력이 강한 종이라 미국, 뉴질랜드 등 전 세계에 퍼져 나갔다. 유럽 종에는 벌새^{hummingbird}가 날아와 꿀을 빤다 하여 'honeysuckle'이라 하는데 이는 "꿀^{honey}을 빨리다^{suckle}"란 뜻으로 꿀을 많이 만들기에 붙은 이름이다.

겨울을 잘 참고 견딘다(인동^{忍冬}) 하여 인동덩굴이라 하고, 겨우살이덩굴, 인동초^{忍冬草}로도 불리며, 한약재명으로는 금은화^{金銀花}, 금은등^{金銀藤}이라 한다. 특히나 처음 꽃이 폈을 때는 흰색(은색)이지만 시들어 갈 무렵이면 노란색(금색)으로 변하는 데서 금은화라 불린다. 그러고 보니 고^故 김대중 대통령이 보통 사람들로서는 감

당하기 어려운 고난에 찬, 쓰라린 자신의 역정을 바로 이 인동초에 비유했었지.

인동덩굴은 이웃 나무 없이 땅 위에서 번지기도 하지만 보통은 다른 나무에 기대어 넌출을 왼쪽으로 감아(꼬아) 올라간다. 800미터 이하의 양지바른 산기슭이나 들판·경작지 언저리·숲 가장자리·덤불·길가 등지에 자란다.

잎은 타원형으로 길이가 3~8센티미터, 폭이 1~3센티미터로 두 잎이 가지에 마주 달리고, 가장자리가 밋밋하다. 어릴 때 잔털이 있다가 앞면은 없어지고 뒷면엔 조금 남는다. 중부 지방에서는 겨울에 잎이 말라 떨어지지만 남부 지방에서는 잎이 성성하게 그대로 겨울을 난다.

어린 줄기는 붉은빛이 도는 갈색이지만 묵을수록 노란 갈색이 되면서 껍질이 세로로 얇고 길게 벗겨져 너덜거린다. 줄기 속은 녹색 빛을 띠는 노란 연갈색이고, 한가운데에는 밝은 갈색의 작고 무른 속심이 있으며, 가지는 속이 비었고 잔털이 퍽 많다. 오래된 줄기는 다래덩굴처럼 굵은 것이 썩 단단해(목질화木質化)진다.

꽃은 6~7월에 잎겨드랑이(엽액葉腋)에서 한두 송이씩 피고, 길이 3~4센티미터 정도가 된다. 한 꽃에 암술과 수술이 함께 나오며 암술은 1개, 수술은 5개다. 입술 모양새를 한 꽃부리는 끝이 다섯 갈래로 갈라지고, 그중 4개는 곧추서지만 1개는 혓바닥처럼 길게 아래로 처진다.

바닐라 향이 나는 것이 오후 느지막이 피기 시작하고, 차례차

례로 피는데 꽃이 두세 가지 색으로 차차 변하면서 피는 것이 특징이다. 앞에서 말했듯이 처음에는 백색 또는 엷은 자백^{紫白}색이지만 꽃가루받이(수분)가 끝나면 가뭇없이 황색으로 변한다. 이렇게 인동초 꽃은 색깔로 기혼과 미혼을 알린다. 인동덩굴의 꽃이 희면 아직 미혼임을, 노란색이면 이미 결혼/임신을 했다

인동덩굴 열매

는 신호를 은밀하게 나비나 벌들에게 보내는 것이다. 이들 중매쟁이(주례)들의 헛수고를 덜어 주려는 심사다.

9~10월에 과육이 듬뿍 든 지름 7~8밀리미터 남짓의 둥근 장과^{漿果, berry}로 익는데 완전히 여물면 흑색 광채가 나고, 과일 안에는 서너 개의 씨앗이 들었다. 겨울에도 가지에 매달려 있어 새나 토끼들이 먹어 주기를 목을 빼고 기다린다.

더러 관상용으로 심고, 꽃과 잎줄기, 열매는 약용으로 쓰인다. 꽃은 녹차에 띄워 향을 내고, 꽃째로도 먹는데 은은한 향이 퍼지면서 맛도 좋으나 독성이 조금 있어서 장복하면 안 좋다. 그리고 플라보노이드^{flavonoid} · 타닌^{tannin} · 알칼로이드^{alkaloid} 등 여러 특수 화학 물질들이 혈소판의 응집을 막는다는 것이 새로 알려졌다고 한다. 인동덩굴은 옛날부터 생약으로 해열 · 두통 · 감기 · 해갈 · 이뇨 ·

편도염·해독·항균 등에 썼다.

인동덩굴에는 애틋한 전설도 깃들어 있다. 옛날 어느 마을에 금화金花와 은화銀花라는 착하고 어여쁜 쌍둥이 자매가 살았다. 어느 날 갑자기 언니 금화가 열이 심하게 나면서 얼굴과 몸이 온통 붉게 변하면서 죽었고, 며칠 뒤 은화도 시름시름 앓다가 언니와 똑같은 병으로 죽게 되었다. 은화는 "저희들은 비록 죽지만 죽어서라도 열병을 치료할 수 있는 약초가 되겠습니다"라는 말을 남기고 죽었다.

그들이 죽은 이듬해 무덤가에 금색과 은색의 꽃들이 피어났다. 얼마 뒤 마을에 열병이 돌았는데 마을 사람들이 은화의 유언을 기억하고 그 꽃을 달여 먹자 열병이 씻은 듯 나았다. 그러자 동네 사람들은 금화와 은화의 고마움을 잊지 않으려고 자매의 이름을 따서 금은화金銀花라 불렀다고 한다. 꽃말(화사花詞)은 사랑의 인연, 헌신적 사랑이란다.

구약나물

나는 일본 오사카에서 태어나 네 살
에 귀환 동포로 돌아왔다. 만약 그대로 거기에 주저앉았더라면 재
일교포로 살았어야 할 신세였다. 곤약하면 어머니가 생각난
다. 그때도 일본 사람들이 곤야구(곤약)를 즐겨 먹었던지라 가끔
어머니가 그걸 사 먹였던 모양이다.

우리 집사람은 곤약 요리 솜씨가 일품이다. 시장에서 갓 사 온,
단단하면서도 흐늘거리는 희끄무레한 묵 같은 곤약 덩어리를 긴
네모꼴로 조각낸다. 가운데를 세로로 칼집을 내고는 한쪽 끝을 구
멍으로 집어넣어 뒤집으니 배꼬인 매자과(타래과)를 닮았다. 거기
에다 세편細片 다시마와 함께 간장·물엿·땅콩을 넣어서 바특이
조려 참기름을 붓고 통깨를 뿌려 놓으니 정성이 듬뿍 든 맛깔난

구약나물 꽃
© James Steakley

조림 음식이 된다. 자고로 요리에는 조물조물, 주부의 손끝 매운맛이 묻으면서 숨은 예술성과 과학성이 담겨 있는 법이다.

아무튼 필자는 곤약을 일본 말로 여겼고, 집사람은 음식을 하면서도 곤약 원료를 잘 몰랐다. 곤약은 구약나물*Amorphophalus konjac*의 땅속줄기(알줄기, 지하경地下莖)를 가루 내어 가공한 것으로 바다풀(해초)인 우뭇가사리로 만든 한천寒天, agar처럼 생겼다. 그리고 앞의 구약나물 학명을 보라. 학명의 종소명 *konjac*에서 '곤약'이란 이름이 생겨난 것임을 얼른 알았을 터다!

구약나물은 외떡잎식물, 천남성과의 여러해살이풀로 아열대성 구근식물이며, 그냥 곤약이라고도 한다. 곤약은 자웅동주로 꽃은 길쭉한 음경을 닮은 것이 길이가 55센티미터나 된다. 인도차이나가 원산인데 그곳에서도 고도 800미터나 되는(평균 기온 16도) 고랭지에 잘 자란다고 한다. 인도차이나·인도네시아·중국·대만·일본 등지에 식용이나 약용으로 많이 재배, 생산하고, 우리나라도 일시적으로 금산 지방에서 인삼 뒷그루(후작後作)로 재배된 바 있었으나 월동이 되지 않아 이제는 별로 짓지 않는다고 한다.

구약나물의 알줄기(괴경塊莖, tuber)는 둥글넓적한 토란土卵, taro을 좀 닮았다. 토란처럼 알 가운데에서 나온 잎이 길차게 자라 1미터 정도까지 솟는데, 잎자루는 원기둥 모양이고, 연한 녹색에 자줏빛 반점이 수두룩이 난다. 봄에는 긴 꽃자루(화병花柄)가 나오고, 밑에 2~3개의 비늘 모양의 넓은 잎이 둘러싸며, 열매는 과육 액즙이 많고, 속에 씨가 들었다.

그런데 세계적으로 200여 종이나 되는 천남성과 중에서 시체꽃corpse flower을 피우는 타이탄아룸Amorphophallus titanum이라는 식물도 같은 과 아니랄까 봐 천남성을 쏙 빼닮았을뿐더러 곤약과 같은 속이니 더할 나위 없이 더 쏙 빼닮았다. 시체꽃은 인도네시아 서부 수마트라의 고유종으로 허우대가 헌걸차서 길이가 3미터나 되고, 세상에서 가장 큰 꽃을 피우며, 송장 악취를 풍기는 것으로 유명하다.

알줄기를 심은 후 3~4년이면 수확하고, 알줄기 생것을 썰어 말린 후 가루를 내어 식용 곤약의 원료로 쓴다. 곤약의 주성분은 글루코만난glucomannan으로 d-글루코스d-glucose와 d-마노스d-mannose가 결합한 다당류이다.

지미무미至味無味라 했던가. 곤약은 특별한 맛은 없으면서도 오독오독 씹히는 식감(질감)이 좋아 즐긴다. 또 영양가가 썩 풍부하지는 않지만 글루코만난 45퍼센트, 단백질 9.7퍼센트 외에 16가지 아미노산이 7.8퍼센트가 들었고, 그중에서 필수 아미노산 일

타이탄아룸
© Amada44

곱 가지가 2.5퍼센트이다. 또 여러 종류의 무기물, 소량의 지방이 들어 칼로리는 적지만 식이섬유가 아주 많다.

가루 상태의 글루코만난은 물을 흡수하여 부피가 늘어나서(팽윤膨潤) 풀 같은 교질colloid 상태가 된다. 이것에 알칼리성인 석회수limewater를 넣어 가열하면 응고하여 반투명의 덩어리가 된다. 또 검은 색소나 향미를 넣어 우무묵이나 국수로 만든 것이 식용 곤약으로 무침이나 조림에 쓴다.

그리고 글루코만난이 콜레스테롤을 떨어뜨리고, 부티르산butyric acid을 생성케 하여 대장균들의 생태 환경을 원활하게 하여 장운동을 활발하게 하고 배변 활동을 도와주기에 변비에 좋다. 또한 열량이 낮으면서 바로 포만감을 느끼게 하기에 비만 예방·체중 감량·당뇨병 식사·덜 먹기에 인기가 있다고 한다. 서양에서 한때 어린이용 곤약 과자나 곤약 젤리가 유행했으나 깨물어도 입에서 쉽게 녹지 않아 아이들을 질식시키는 일이 자주 있어 판매가 금지되기도 했다.

일본에서는 이미 1,500년 전부터 먹어 왔고, 미용 및 건강 식품으로 엔간히 주목을 받아왔다. 한편 중국에서는 오래전부터 한약으로 해독·항암·거담·어혈(몸에 피가 제대로 돌지 못하여 한곳에 맺혀 있는 증세) 등에 썼다고 한다. 또한 국내에서도 건강 및 미용 식품으로 수요가 급증하는 추세이고, 특히 요즘에 와서는 얼굴 마사지에 많이 쓰인다고 한다.

아무튼 우리 인간들이 저들 동식물에게 얼마나 많은 신세(빚)을 지고 사는지는 대수롭지 않고 보잘것없는 곤약 하나만 봐도 알만하다. 어쨌거나 그래서라도 어머니 지구를 잘 지켜 나가야 하겠다.

그런데 지금도 집사람이 해 주는 곤약을 먹을 적마다 '엄마, 곤야구 사 줘' 하고 자꾸 졸랐던 기억이 새록새록 떠오른다. 어쨌거나 곤약에서 어머니를 만나니 좋다! 한데 나이를 먹으면 까닭 없이 헛된 눈물이 나고, 어머니 생각에 속절없이 밤잠을 못 이룬다고 한다. 아서라, 잠시 왔다 훌쩍 떠나는 인생인걸……..

향긋한 냄새와 짜릿한 매운맛을 지닌 으뜸 향신료

생강

집사람이 요즘 생강 요리에 재미를 붙여 편강片薑을 한가득해 놨다. 물론 건듯건듯 부는 바람과 따가운 햇살에 정성껏 말려 마무리하는 것은 내 차지다. 참참이 편강 한두 조각을 아삭아삭 씹으면 화(입안이 얼얼한 듯 시원함)한 것이 기분이 상쾌하다. 생강을 삶거나 쪄서 바짝 건조한 것을 건강乾薑, 불에 구워 말린 것을 흑강黑薑, 얇게 저며서 설탕에 조려 말린 것을 편강이라 한다.

또 요샌 무말랭이와 보름간 보온 밥솥에서 쪄낸 흑마늘을 꾸둑꾸둑 말리느라 더할 나위 없이 바쁘다. 글 쓰다가 머리도 식힐 겸 글방 베란다에 나가 구름 과자도 한 모금 빨면서 짬짬이 알뜰살뜰 손질한다. 어쨌거나 집사람이 글감을 찾는 데 일조를 한다는

말이다. 지난 번 '곤
약' 글도 밥상에서
생각났던 것이고.

© Forest_Kim Starr
생강

　이런 일도 있었
다. 집사람이 친구
와 통화를 하는데,
"나 이번에 감기로
죽살이쳤다"는 생

소한 말이 귀에 번쩍 들렸다. 잠깐 대화를 멈추게 하고 "방금 뭐
쳤다 했소?" 하고 다그친다. 나중에 새 책 이름을 '생물의 죽살이'
로 삼았는데, 죽살이란 생사生死를 다툴 정도로 고생함을 일컫는
말이다. 한데 요새 왜 내 글에 밑도 끝도 없이 자꾸 '할망구' 이야
기가 나오는지 나도 모르겠다.

　열대성 식물인 생강Zingiber officinale은 외떡잎식물, 생강과의 여러
해살이풀(다년초본多年草本)이만 고추처럼 우리나라에서는 추운 겨
울 탓에 일년생이다. '생강·새앙·생'이란 말들을 널리 쓰므로 모
두 표준어로 삼는다고 한다. 표준어로 두 가지를 함께 쓰는 것은
더러 있지만 이렇게 셋을 표준어로 삼는 일은 꽤나 드물다.

　생강生薑, ginger은 잎이 어긋나고, 꼭 댓잎(죽엽竹葉)같이 바소꼴(침
끝 모양, 피침형披針形, lanceolate)로 양끝이 좁으며, 대부분 잎집(엽초葉
鞘)이 있다. 줄기는 빳빳하고, 우리나라에서는 30~50센티미터 정
도 자라지만 열대·아열대 지방의 것은 1미터가 넘는다. 다육질인

뿌리줄기(근경根莖, rhizome)는 옆으로 자라고, 덩이 모양으로 황색이다. 우리나라에서는 수명이 짧아 꽃을 피울 새가 없으나 열대 지방에서는 8월경에 20센티미터 정도의 꽃줄기 끝에 황색 꽃을 피우고, 암술과 수술은 1개씩이며, 암술대는 실처럼 가늘다.

생강은 더운 남중국이 원산지로 추정되며 비슷한 야생종이 아직도 발견된다고 한다. 양념(향신료) 중에 최고로 치는 생강은 주로 향료 무역을 통해 인도에서 유럽으로 전해졌고, 지금도 인도가 세계 최대 생강 생산국(전체의 33퍼센트)이며, 중국, 네팔 순으로 많이 재배한다고 한다. 그곳에서는 널리고 깔린 게 생강이라 화단에 관상용으로 심기도 한다.

인도하면 향신료의 나라가 아니던가. 인도나 여러 아열대 지방에서는 같은 생강과로 카레 요리나 향신료로 사용하는 강황薑黃, turmeric, 종자에서 채취한 향신료인 카다멈cardamom, 양강良薑(고량강高良薑, galangal) 뿌리도 향신료로 쓴다. 알다시피 더운 지방은 음식이 쉬기 쉬우므로 이런 것을 섞어 부패를 방지하는 것이다.

실은 필자도 텃밭에다 시장에서 생강을 사다가 4~5월에 심어봤지만 별로 재미를 보지 못한 적이 있다. 생강은 고온다습하고 건땅을 좋아하는 좀 까다로운 작물이다. 발아하려면 기온이 18도 이상이어야 하고, 20~30도에서 잘 자라며, 이어짓기(연작連作)를 싫어하므로 한 번 심은 자리는 4~5년 뒤에나 심어야 한다. 번식은 주로 뿌리줄기로 하므로 큰 덩어리는 너무 잘게 자르지는 말고 어슷비슷한 눈이 3~4개 붙을 정도로 쪼개 심는다.

생강의 향긋한 냄새와 짜릿한 매운맛은 물기를 품은 야문 생강의 3퍼센트를 차지하는 진저론zingerone, 진저롤gingerol, 쇼가올shogaol과 휘발성 기름 때문이다. 한방에서는 생강 뿌리줄기를 말린 건강을 달여 먹으라 한다. 감기로 말미암은 오한·발열·두통·구토·기침(해수)·거담은 물론이고 식중독으로 인한 복통, 설사에도 효과가 있고, 또 위액 분비 촉진·소화력 증진·혈액 순환 촉진·항균 작용·진통 억제·해열에 좋다고 한다. 특히 생강 성분은 위장 운동을 촉진하니 위의 점막을 자극하여 위액의 분비를 증가시키고 소화를 촉진하는 작용이 특별나다.

생강은 양념 재료로 쓰니, 김치를 담글 때 조금 넣어 젓갈의 비린내를 없애고, 해물이나 육류에 넣어 잡냄새를 없앤다. 또 뿌리를 말려 갈아서 빵·과자·카레·소스·피클 등에 사용하기도 하고, 생강차와 생강주 등을 만들기도 하며, 크래커나 케이크, 생강 맥주에 넣고, 향수·화장품·약품을 만들기도 한다. 의외로 참 쓰임새가 많은 생강이다.

그런데 집사람이 연일 편강을 만들면서 맛이나 식감을 알아보느라고 야금야금 입맛을 다셨던 모양이다. 아니나 다를까, 과하면 탈이 나는 법. 졸지에 내장에 든 모든 것을 훑어 내어, 내장을 홀라당 비웠을 정도로 애를 먹었다. 아서라, 시시한 약도 넘치면 모조리 독이 되는 것을 왜 몰랐던고? 그 좋다는 인삼도 지나치게 먹으면 큰 사달이 난다.

그만하기 다행이다. 생강을 지나치게 먹으면 두드러기 같은 알레르기 반응을 일으키고, 가슴 통증에 배가 불룩하게 가스가 차며, 구역질·트림·장 폐쇄도 일으키는 수가 있다고 한다. 가뜩이나 필자처럼 담석(쓸갯돌)이 많이 생기는 사람에게는 해롭고, 임신 중에는 숫제 먹지 말아야 한다. 그야말로 과유불급이란 이런 걸 두고 하는 말이리라. 그게 어디 생강에만 해당될 말인가.

노화와 치매를 줄이는 황금 같은 작물

강황

건강십훈(健康十訓)이란 것이 있다. 음식을 적게 먹고 오래 씹으며(소식다작少食多嚼), 고기보다 채소를(소육다채少肉多菜), 단것보다 과일을(소당다과少糖多果), 소금은 적게 식초를 많이(소염다초少鹽多酢) 먹어라. 또 차를 타지 말고 마냥 걷고(소차다보小車多步), 옷을 가볍게 입고 목욕을 자주하며(소의다욕小依多浴), 말은 적게 하고 오롯이 운동을 자주하며(소언다행小言多行), 화를 덜 내고 즐겁게 지내며(소분다소小憤多笑), 욕심은 덜고 많이 베풀며(소욕다시小慾多施), 걱정을 줄이고 잠을 푹 자라(소번다면小煩多眠) 한다. 하나도 틀린 말이 없도다! 건강 비법이 여기에 다 들었으니……. 특별히 나 같은 늙정이들이 새겨들어야 할 말이다.

근래 필자가 '100세 시대의 노인'을 위한 음식/생활 방식을 다

강황
© Prathyush Thomas

룬 기사를 「사이언티픽 아메리칸Scientific American」, 「타임Time」 지들에서 읽었다. 건강십훈과 하나도 다르지 않으니 그 나물에 그 밥이라고나 할까. 하고 많은 것들 중 주요한 것을 요약한다면, 치매의 원인이 되는 베타아밀로이드beta-amyloid를 잡기 위해서는 마늘과 고추가 좋고, 노화를 재촉하는 유해산소를 없애는 항산화제로는 호두walnut와 카레curry가 으뜸이란다. 그리고 장수하려면 긍정적이고, 채식에 치우치게 소식하며, 오메가-3을 섭취하고, 운동을 꾸준히 하란다. 허투루 하는 소리가 아니다. 분명 수명은 타고나고, 오두방정 떨어도 무소용이다. 오래 살고 싶으면 장수 집안에 태어날 것. 그렇다 해도 건강을 챙기는 게 가장 중요하다는 것은 두말할 나위 없다.

그런데 치매에 도움이 되고 항산화제로도 첫째가는 것이 질깃질깃한 사과 껍질이라 한다. 하고많은 과일 중에서 치매약과 항산화 물질을 거기서 뽑을 수 있다는 말이다. 하마터면 모르고 지낼 뻔했다. 그 글을 읽고는 서둘러 사과를 매매 씻어 껍질째 먹기 시작하였다. 미처 몰라 사과를 깎아 먹어 온 것이 엄청 후회스러웠다. 난리굿을 떠는 것을 보니 나도 딴엔 꽤나 오래 살고 싶은 모양이다.

또 음식으로 치매와 노화 억제에 좋기로는 세상에서 둘째가라면 서러워 할 언필칭 'power food/super food/miracle food/wellbeing food'라 극찬받는 카레가 있다. 해서 적어도 매주 한두 번은 카레 밥을 해 먹자고 자칭 "입의 혀 같다"는 아내에게 부탁하여 시방 실천 중이다!

카레는 강황薑黃에서 얻는다. 강황*Curcuma longa*은 외떡잎식물, 생강목, 생강과의 한해살이풀로 천생 생강을 닮았고, 속명 *Curcuma*는 아라비아어 'kurkum(황금)'에서 유래했다고 한다. 카레에 든 노란 색소 성분인 커큐민curcumin은 필적할 대상이 없을 정도로 노화와 치매를 줄여 주는 물질이 듬뿍 들어 있다.

세계적으로 100여 종의 강황turmeric이 있고, 인도 서남부가 원산지로 숲속에 자생한다. 주로 인도를 중심으로 한 열대·아열대 지역에서 재배되고, 우리나라에서도 여러 곳에서 키운다고 한다. 키는 늘씬하게 1미터 정도 자라고, 뿌리줄기는 생강처럼 원통형으로 여러 갈래로 갈라진 것이 노르스름하다. 주성분의 하나인 커큐민은 흙내가 물씬 나고, 약간 씁쓸하며, 매콤한 고춧가루 맛에 알싸한 겨자 냄새가 난다.

잎은 어긋나기하고, 30~50센티미터로 긴 타원형이며, 잎자루는 긴 것이 밑 부분에 칼집 모양으로 줄기를 싸는 잎집이 있다. 꽃은 5~7월경에 잎겨드랑이에서 노랗게 핀다.

강황은 수천 년을 식용/약용으로 사용한 것 이외에도 노란색 염료로 썼다고 한다. 뿌리줄기를 건조시킨 가루 분말로 옷감이나

강황 꽃
© Sankarshansen

털실을 염색하는데, 방충 효과가 있다. 그만큼 착색이 잘되기 때문에 카레라이스를 담은 식기조차도 잘 씻기지 않는다. 또 뿌리줄기를 30~45분간 뭉근히 삶은 다음 말려서 가루를 내어 요리에 쓴다. 카레에 든 여러 화학 성분 가운데 가장 잘 알려진 것은 커큐민으로 가루의 3.14퍼센트를 차지하며, 그 외에도 휘발성 기름인 ar-투르메론 ar-turmerone과 당·단백질·수지 성분인 레진 resin 등이 들어 있다.

인도나 스리랑카에서는 족히 20가지가 넘는 향신료가 난다. 식용 카레는 대표적인 혼합 양념으로 빛깔은 강황과 사프란을, 매운 맛은 후추·고추·생강·겨자를, 향미는 마늘·회향·정향·계피·고수들을 섞어 낸다. 우리가 먹는 카레 가루도 이런 여러 향신료를 혼합한 것이다.

우리는 단지 카레라이스 정도이지만, 인도·태국·베트남·캄보디아·인도네시아 등지의 요리에는 카레가 들어가지 않는 것이 없다 하고, 음료·빵·아이스크림·소스 등에도 넣는다. 부언하면 마늘, 고추 같은 향신료도 하나같이 미생물을 살균하려고 향료 식물들이 스스로 만든 것이다.

카레가 노화와 치매를 늦추고, 예방한다는 이야기는 이미 했다. 그렇다면 카레를 주식처럼 먹는 인도인들은 치매 발생률이 어떨까. 실제로 인도는 세계에서 치매 발생률이 가장 낮은 국가로 미국인의 4분의 1에 불과하다. 또한 카레는 여러 종류의 암 예방에다 면역력을 증가시킬뿐더러, 염증이나 피부 질환에 효과가 있다. 현재에도 암·신장·혈관계·관절·당뇨 등에 미치는 카레의 특효에 관해 백방으로 연구 중에 있다고 한다.

"You are what you eat(무엇을 먹는지를 보면 그 사람을 알 수 있다)"란 말이 있다. 맞다. 한 사람의 건강은 먹을거리에 달렸다. 마땅히 음식을 두루두루 꼭꼭 씹어 먹어야만 노화/치매를 줄인다. 뭐니뭐니 해도 마냥 '건강십훈'에 심신의 건강법이 죄 들어 있다.

우산 같은 잎으로 주위 식물을 질식시키는 무법자

머위

우리 집사람이 머위를 좋아하여 하릴없이 자드락밭 구석 응달쪽 채전菜田에다 머위 여러 포기를 일부러 캐다 심어서 머위 밭을 일궜다. 덕분에 쌉쓰레한 맛을 풍기는 머위 요리를 원없이 즐기고 있다. 봄철 여린 머위 잎을 한소끔 데쳐 쌈을 싸 먹으니 머위 잎쌈이요, 다 자란 휜칠한 머위 잎자루(머윗대)를 잘라 와 잘게 썬 것과 꽃대에 매달린 꽃봉오리를 고추·기름·마늘·파·간장·깨소금 따위로 양념하여 짭조름하게 자글자글 볶아 먹으니 머위 나물이며, 생고무같이 검질긴 껍질을 벗긴 잎자루를 적당한 크기로 동강 내 설탕을 탄 장물에 바특 조려 질겅질경 씹어 먹으니 머위 장아찌다.

그런데 그 맛이 쌉쓰름하기에 데쳐서 물에 우려내지만 보통은 그냥 먹으니 좀 쌉쌀한 맛에다 머위 특유의 향이 있어 입맛을 돋운다. 일본 사람들도 즐기는 음식 중의 하나로 잎자루 토막을 일본 된장에 볶거나 튀김을 해서 먹는다고 한다.

그런데 머윗잎을 매달고 있는 길쭉한 대궁은 식물체를 떠받치는 줄기가 아니고 잎자루다. 그렇다. 흔히 '고구마 줄기'를 먹는다고 하는데 그 또한 줄기가 아니고 잎자루이다. 굵은 고구마 줄기는 땅바닥을 길게 뱀처럼 벌벌 기고, 그 줄기의 마디들에서 나온 긴 잎자루를 따서 나물로 무쳐 먹는 것이다. 줄기냐 잎자루냐가 뭐 문제가 되나 하겠지만······. 식물은 자기 몸의 자리를 바로 불러 줬으면 한다.

또 옛날엔 고구마 잎(잎몸, 엽신葉身, lamina)은 미끈미끈하여 버리고 잎자루만 먹었는데 요샌 잎사귀도 건강에 좋다고 다 먹는다고 한다. 꽃에도 독이 있다 하여 진달래꽃 등 몇을 제하고는 기피했는데 근래에는 먹지 않는 꽃이 없다. 먹새 좋은 요즘 사람들 참······.

머위Petasites japonicus는 국화과의 여러해살이풀로 야생 머위는 우리나라 전역의 산기슭이나 논틀길이나 밭틀길 아래에, 비탈지면서 조금은 그늘지고 습한 지역에 넓은 군락을 이뤄 한껏 너울너울 늠실댄다. 또 뒤꼍이나 울타리 언저리에 심고, 필자처럼 밭작물로 기르기도 한다. 습기 차고 건땅에서는 잎자루가 길게 뻗고, 잎도 지름이 30센티미터 이상 자란다.

머위giant butterbur를 우리 고향 지방에서는 머구/머우로 부른다. 원산지로 여기는 한국·일본·중국에 자생하지만 유럽이나 스위

머위

스(알프스), 캐나다에도 분포하는데 이는 그 옛날 일본 이민자들
이 가지고 가서 심은 탓이란다. 이처럼 푸나무도 사람 따라 간다.

잎은 콩팥(신장) 꼴로 둥그스름한 것이 잎 한쪽이 움퍽 패였고,
땅속줄기 끝자락에서 자라 나오며, 큰 것은 지름이 자그마치 30센
티미터 가까이 된다. 가장자리에는 톱니들이 나고, 잎자루는 무려
60센티미터까지 멀쑥하게 자란다. 땅속줄기로 번지는데 한번 자
리를 잡았다 하면 우산 같은 잎이 빽빽하게 나 그림자를 지워 버
려 딴 식물을 깡그리 질식시켜 버리기에 잡초들이 얼씬도 못한다.
이렇게 주변을 쑥대밭으로 만들어 버리니 "밭을 망치려거든 머위
를 심어라"는 말이 헛말이 아니다.

머위는 암꽃과 수꽃이 딴 포기에서 피는 암수딴그루로 이른 봄
(2월 말~3월 초) 잎이 피기 전 땅속에서 불쑥 꽃자루를 우뚝 뻗어

꽃을 피운다. 수꽃은 옅은 노란색이며 암꽃은 흰색에 가깝고, 암꽃이 달리는 꽃대는 꽃이 핀 다음 30센티미터만큼 연신 더 자라지만 수꽃 꽃자루는 그리 더 크지 않는다.

내가 조금 잘 안 하던 짓을 한다. 오늘 간단하게 정리된 머위 영양소를 죄 알아보려 한다. 머위 100그램은 14칼로리의 열을 내며, 탄수화물 3.6그램, 지방 0.004그램, 단백질 0.39그램, 비타민 B_1, B_2, B_3, B_5, B_6, B_9, C와 칼슘·나트륨·철·마그네슘·망간·인·칼륨·아연 같은 무기염류가 듬뿍 들었다고 한다. 한마디로 비타민약을 따로 사 먹을 필요가 없게 생겼다.

사실 내로라할 정도가 못 되는 한갓 하찮은 머위 하나에(머위에게는 미안한 말씀) 이렇게 꽤 고른 영양소가 들었다는 것을 알자고 일일이 적어 봤다. 무슨 말인고 하니 모든 음식물에는 나름대로 특수한 영양소가 들어 있으니 밥상에 놓인 밥반찬을 하나도 빼지 말고 알차게 챙겨 먹어야 한다는 것이다. 음식이 곧 보약(식약동원食藥同源/식약일체食藥一體)인 것이니 말이다. 그리고 여태 글들에 나온 식물들이 하나같이 생약제로 쓰이는 점도 놓치지 말아야 할 대목이다.

한의학에서는 머위를 2,000년 넘게 약초로 써 왔다고 한다. 뿌리줄기는 기침을 멎게 하고, 해독 작용이 뛰어난 식물로 알려져 있다. 또한 어혈·편도염·독사 물림(독사교상毒蛇咬傷)·타박상에도 효험이 있다고 한다. 그런데 머위에도 파이롤리지딘 알칼로이드 pyrrolizidine alkaloid란 유독성 물질이 들어 있다. 이것은 머위가 제 몸을 보호하기 위해 만드는 2차 대사산물로 동물의 간에 해롭고, 간암을 유발한다고 한다. 과유불급이다. 머위도 장복하면 건강에 안좋다.

하지만 알다시피 독도 잘만 쓰면 약이 된다! 독을 없애기 위해 다른 독을 쓰는 것을 이독공독以毒攻毒 혹은 이독제독以毒制毒이라 한다지. 동물 실험의 결과 머위는 소염과 지방 저하에 관여하고, 항산화 물질이 많이 들어 있다고 한다. 더더군다나 귀가 솔깃한 것은 머위가 정자 형성을 무척이나 촉진시킨다는 것이다. 따라서 남성 불임에 아주 좋은 것으로 알려져 있다.

자극성 가스를 내뿜는 생물학 실험의 단골 손님

양파

양파*Allium cepa*는 일반 생물학 실험
에서 반드시 만나야 한다. 양파 조직은 다른 식물에 비해 세포가
꽤나 커서 저배율에서도 쉽게 관찰할 수 있기 때문에 식물 세
포 구조와 현미경 사용법을 배울 때 꼭 쓰인다. 현미경으로 관찰
할 때는 야들야들하고 얇은 양파 속껍질을 벗겨 아세트산카민
acetocarmine 으로 염색하여 자세히 살핀다. 또 양파를 물에 담아 뿌
리가 내리면 뿌리 끝의 생장점growing point에서 여러 단계의 체세포
분열을 관찰한다. 한데, 현미경에서 보여야 할 세포는 보이질 않
고 눈썹만 어른거리던 때를 기억하는 이도 있을 터다.

동물 세포는 이쑤시개나 면봉으로 자기의 입천장 세포(구강 상
피)를 문질러 받침유리에 비비고 메틸렌블루methylene blue로 염색하

양파

여 관찰하는데 이들 염색액은 죄다 핵(염색체)을 물들이기 위해 쓴다. 필자도 대학 일반 생물 실험 시간에 평생에 처음 나의 세포를 보고는 아연 흥분을 감추지 못했던 기억이 난다. 실은 우리가 칫솔질을 하거나 입가심할 때도 수많은 살아 있는 세포가 떨어져 나간다. 그래서 범인의 침에도 살아 있는 세포가 묻어 있기에 가져다 DNA 검사에 쓰는 것이다.

셰익스피어가 말했다는 "약한 자여, 그대 이름은 여자이니라 Frailty, thy name is woman"란 이 문장을 멋모르고 고등학교 때 달달 외웠다. 셰익스피어 이 양반아, 뭘 몰라도 한참 모르시는군요. 요새 여자들은 고래 심줄만큼 강인하다는 것을! '양파 같은 사람'이란 말도 있다. 양파는 비늘 조각으로 켜켜이 에워싸인 탓에 벗기고 또 벗겨도 새것이 나온다. 때문에 자꾸 다른 모습을 보여서 속마음을 알 수 없거나 끊임없이 뭔가를 요구하는 버거운 사람을 일컬을 때 쓰는 말이다.

양파는 외떡잎식물, 나리과(백합과)의 두해살이식물이다. 양파를 북한어로는 '둥글파'라 하고, 일본어로는 'たまねぎ(다마네기)'

인데 아직도 일본말을 하는 노인들이 더러 있다. 확실치 않으나 양파의 원산지는 서아시아나 지중해 연안일 것으로 추측한다. 아직 원산지를 가늠하는 야생종이 발견되지는 않았다.

우리가 식용하는 양파는 뿌리가 아닌 비늘줄기(인경鱗莖, bulb)로 줄기가 살이 찌고 뚱뚱해져 둥근 덩어리꼴을 한다. 구릿빛이 도는 노란색 겉껍질은 얇은 종이처럼 반투명하고, 바삭바삭 잘 부스러진다. 키는 15~45센티미터로 진녹색인 잎은 속이 빈 원기둥 모양이고, 꽃이 필 무렵이면 시나브로 말라 버린다.

꽃은 9월에 흰색으로 피고, 꽃줄기(화경) 끝에 여러 개의 꽃이 공처럼 둥그렇게 달리며, 하나의 꽃에 수술은 6개, 암술은 1개가 있다. 면이 고르지 못한 양파 씨앗은 새까만 것이 지름이 2~3밀리미터로 천생 대파 씨를 닮았다. 수확은 장마 직전에 하고, 2~3일을 밭에서 자연 건조시키며, 바람이 잘 통하는 얼금얼금한 양파망에 담아 둔다.

양파에서는 자극적인 냄새와 매운맛이 난다. 양파를 한껏 조심해서 벗기거나 썰어도 어느새 눈이 매워지면서 눈물이 나니 이는 황을 포함한 휘발성 유기 화합물이 눈의 신경을 자극하기 때문이다. 이것은 딴 식물이 그렇듯이 양파가 자기를 공격하는 곤충을 물리치려고 풍기는 냄새다.

양파 세포가 다치는 순간 알리이나아제alliinase 효소를 분비하여 술폭시드sulfoxide를 파괴하면서 술펜산sulfenic acid을 내고, 잇따라 술펜산이 다른 효소 촉매로 결국 신프로판에티알 S 산화물Syn-

양파 꽃
© Christoph Waghubinger

Propanethial-S-oxide이라는 휘발성 물질로 변한다. 바로 이 휘발성 가스가 공기를 타고 단박에 눈에 닿아 반응하니 이것을 씻어 내려고 주체하지 못하고 눈물이 흐른다.

흐르는 물이나 물속에다 양파를 담그고 칼질하거나 까면 이 자극성 가스가 물에 녹아 버려 눈물을 흘리지 않는다. 양파를 익히면 매운맛이나 냄새가 사라지지만 사람에 따라 양파 손질 뒤에 금세 알레르기 반응을 일으켜 피부염·가려움증(소양증)·비염·천식·발한에 눈까지 흐릿하게 몽롱해지기도 한다.

양파에는 대략 수분 89퍼센트·당 4퍼센트·단백질 1퍼센트·식이섬유 2퍼센트·지방 0.1퍼센트와 각종 비타민과 칼슘·인산 등의 무기질과 식물의 자기방어 물질phytochemical들이 들어 있다. 본래 양파에는 포도당을 비롯한 다양한 당이 3~4퍼센트 정도 들어 있어서 양파를 끓인 국물은 향긋하면서 달착지근하다.

양파는 식용 말고도 몸에 양파 즙을 발라 나방을 쫓고, 벌레에 물리는 것을 예방한다. 그래서인지 양파 밭에는 좀처럼 곤충이나 두더지가 얼씬거리지 못한다고 한다. 또 머리에 바르면 머리카락이 잘 자라고, 얼굴에 문지르면 주름이 금세 없어진다고 한다. 또 양파로 유리나 구리 그릇을 닦으면 윤이 나고, 쇠의 녹슮을 막는 데 딱 좋다고 전해진다.

그리고 양파는 성인병을 예방한다고 하는데 날로 먹기도 하지만 양파 수프나 카레라이스의 재료로 쓰거나 육류나 생선 냄새를 없애는 데 쓰기도 한다. 또 국물을 내거나 샐러드나 여러 요리에 양념으로 곁들이고, 피클·양파 즙·양파 링 튀김 따위의 음식도 있다. 우리나라는 양파 소비가 많아 세계 10대 양파 생산 국가 중에서 일곱 번째이다. 가만히 볼라치면 우리 집에도 정녕 양파 없이는 요리가 안 되는 판이라 겉껍질마저도 깡그리 멸치 국물 우려내는 데 넣는다!

여름의 상징이자 영양의 보고

수박

갈수록 여름이 참으로 가물고 덥다. 마른장마에다 7~8월에 태풍 한 번 오지 않으면 더욱 그렇다. 물 사정이 좋은 논밭 곡식이나 과수원 과일은 일조량까지 좋아 풍년에 과실 맛도 좋았다. 말해서 사람이나 가축은 떠 죽을 판이지만 곡식과 과수들은 춤을 추었다. 더운 여름 덕분에 수박 농사도 큰 재미를 봤을 터이고, 덕분에 달고 시원한 꿀수박을 생전에 제일 많이 먹었다. 그런데 머리통보다 큰 그놈의 수박이 왜 그리도 무겁든지…….

수박은 속살이 더 달다. "수박 겉핥기"란 사물의 속은 잘 모르고 겉만 건드림을, "수박은 속을 봐야 알고 사람은 지내봐야 안다"란 사람은 오래 함께 지내보아야 속마음이 어떠한지 알 수 있음을, "되는 집에는 가지에 수박이 열린다"란 잘되어 가는 집안은 하는 일마다 좋은 결과를 맺음을 빗대어 하는 말이다.

수박Citrullus vulgaris은 박과의 덩굴식물로 열대 남아프리카가 원산지이고, 암수한그루이며, 암꽃·수꽃이 따로 피는 단성화(자웅이화雌雄異花)이며, 줄기 단면은 마름모꼴이고, 거친 털이 많이 나며, 길게는 7미터까지 기면서 여러 가쟁이(가지)를 친다.

잎겨드랑이에서 나온 여러 갈래의 덩굴손은 물체를 휘감는다. 잎은 심장 꼴이고, 꽃은 연황색이며, 갈래 꽃잎이 5개고, 똥그란 꼬마 씨방(자방子房, ovary)이 앙증맞게 그 꽃받침 아래에 자리한다. 종자는 흑갈색으로 납작하고 긴 타원형이며, 수박 한 통에 많게는 500개가 넘는 씨가 들었다. 원래는 수박의 씨를 먹기 위해 심었다고 하지만 요새는 살(과육) 먹는 수박으로 개량하였고, 씨 없는 수박도 만든다.

우리나라 초대 육종학자 우장춘 박사가 '씨 없는 수박'을 만들었다고 하지만 1943년경에 이미 일본에서 만들어졌고, 단지 그가 광복 후 귀국하여 이를 재배했을 뿐이다. 우장춘 박사는 홑꽃 피튜니아single flower petunia를 겹꽃으로 만들어 한때 '우장춘 꽃'으로 불리는 식물을 만들기도 했다.

알다시피 씨 없는 불임 수박은 정상인 2배체diploid(2n=22)의 씨앗이 싹틀 무렵 떡잎에 0.1~0.8퍼센트의 콜히친colchicine 액을 묻혀 주어 4배체tetraploid(4n=44) 씨앗을 얻고, 이것을 심어 나온 암꽃에 이배체인 보통 수박의 꽃가루를 묻혀 주어 3배체triploid(3n=33)를

수박 꽃

© Tan S.L.

얻은 다음 그 씨를 심으면 종자가 생기지 않는다.

콜히친은 백합과 식물인 콜키쿰*Colchicum autumnale*의 씨앗이나 구근에 든 알칼로이드 성분으로 세포 분열 때 염색체 분열을 억제한다. 그런데 최근엔 수꽃에 X-선을 쬐어 불임인 돌연변이 꽃가루를 만든 후 암꽃에 수분시켜서 불임 수박을 만든다고 한다. 옛날엔 씨 없는 수박이 동이나 덧두리 주고 샀다지만 요새는 성장기간이 오래 걸리고, 열매 모양이 비뚜름해지기 쉬워서 거의 재배하지 않는다.

그런데 과일 나무를 접붙이듯이 수박 씨를 뿌려 그 어린 모를 박이나 호박 모종에 접붙이니 수박보다 박이나 호박 뿌리가 튼튼하여 물과 양분을 더 잘 빨아들일 수 있고, 또 병에도 강하기 때문이다. 다시 말해서 호박이나 박을 대목^{臺木}으로 수박을 접붙여 재배하기도 하나 수박의 맛이 떨어지고, 접목接木과 대목간의 불친화 등 여러 문제가 있어 점점 그 이용이 줄어들고 있다고 한다.

　수박의 진녹색 겉껍질에는 검은색과 녹색의 호랑 무늬가 얼룩덜룩 난다. 물론 요즘에는 색이 노란 수박도 나왔다고 하고, 보통은 속살이 빨갛지만 품종에 따라서 귤색·황색·흰색도 있다. 그런데 잔머리를 잘 굴리는 얍삽한 일본 사람들은 어린 열매를 투명한 정육면체의 유리 상자에 넣어 두어 메주 꼴의 수박을 만들어 팔기도 한다. 이런 수박은 굴러가다 쩍쩍 갈라지는 둥그런 수박보다 저장과 운반이 쉽다는 장점이 있고, 또 특이하다 하여 비싸게 팔린다.

　수박은 91퍼센트의 물과 6퍼센트의 당이 주를 이루지만 무려 18종의 비타민과 17종의 무기염류가 든 영양의 보고이다. 그리고 심혈관이나 뼈에 좋다는 리코펜lycopene이 잘 익은 토마토나 감처럼 많이 들었는데 일종의 카로티노이드 색소이다. 아무튼 수박은 목마름을 그치게 하는 것(지갈止渴) 말고도 오줌을 잘 나오게 한다(이뇨利尿). 그래서 수박은 신장병이나 고혈압으로 인해 생기는 부기를 씻은 듯 낫게 한단다. 그런데 생각을 바꾸기가 어려운 줄 알지만 새빨간 속살보다는 껍질에 가까운 희뿌연한 부위가 건강에 더 좋다고 하니 참고하시라. 그래서 고집불통인 집사람은 오직 속살을, 필자는 일부러 겉살을 챙겨 먹는 편이다.

　수박은 모래 섞인 사토沙土에 잘 자란다. 또래들과 함께 했던 수박 서리도 빼놓을 수 없는 어린 시절의 이야깃거리다. 오후 내내

수박
© Fred Hsu

원두막의 동정을 망보면서 벼르고 있다가 그림자가 길어지는 해거름 때가 되면 이때다 하고 총중에 한둘이 홀딱 벗는다. 벌거숭이 맨몸을 부쩍 웅숭그리고, 레이저 눈빛으로 두리번거리며, 숨소리도 죽이고는 살금살금 수박 밭으로 기어든다. 그맘때면 사람 살색이 눈에 잘 띄지 않기에 원두한이를 깜빡 속일 수 있다.

요행히 들키지 않게 끙끙 수박 통을 물가로 안고 가 함박웃음 지으며 질펀하게 먹던 그 맛과 장면을 잊을 수 없구나! 그때 그 지음知音들이 하나 둘 저승으로 떠났으니 이래저래 옛 생각에 젖어든다. 예나 지금이나 어린이는 개구쟁이 장난꾸러기다. 짓궂게 저지레하지 않는 아이는 결코 어린애가 아니다. "아이와 장독은 얼지 않는다"고 했던가.

천연 인슐린이 푸지게 든 땅속 사과

야콘

머리 수그려 코빼기를 흙바닥에 처박고 흑흑, 머잖아 속절없이 돌아가야 할 사포닌 냄새 풍기는 모토母土의 향기를 맡는 그 상쾌함이라니……. 아무래도 지지리도 못 살았던, 아니면 흙 파먹고 살았던 시골 촌놈에게 걸리는 몹쓸 병이 아닌가 싶다. 빠끔한 자투리 땅만 있어도 뭔가를 심지 않고는 못 배기니 하는 말이다. 그런데 줄여 말해서, 춘천시 산림과 이름으로 "경작하면 엄한 처벌을 받는다"는 경고 푯말이 자드락 밭두렁에 우뚝 꽂혀 있다.

박토지만 필자의 심전心田으로 하늘땅같이 귀하게 여기며 여태 붙여 먹은 땅이다. 마음의 수도장으로 몸 놀리기와 머리 식히기에 안성맞춤인 밭이다. 서른 가지가 넘게 뿌리고, 꽂았는데도 빈터가 있어 뭘 심을까 고심하다가 언젠가 후배 교수가 준 야콘*Smallanthus sonchifolius* 생각이 나 모종 다섯 포기를 사다 널찍널찍 심었다. 이날 저날 하다가 얼마 전에야 캐어 여태껏 단맛 나게 한창 숙성(당화糖化)시키고 있다.

야콘은 콜롬비아에서 아르헨티나에 걸친 중북부 안데스산맥이 원산지인 국화과의 다년초식물로 '페루산 땅속 사과*Peruvian ground apple*'로 불린다. 질감이 아삭아삭한 덩이뿌리(괴근*tuberous root*)로 천생 고구마를 닮았고, 맛은 싱싱한 사과·배·수박·셀러리를 섞은 맛이 난다.

야콘은 키가 실팍하고 훤칠한 것이 어찌나 번성하고 억센지 다른 곡식들을 잡아먹을 기세다. 땅속엔 달리아*dahlia*나 고구마와 흡사한 괴근이 들고, 위에는 같은 과의 돼지감자(뚱딴지*Helianthus tuberosus*) 닮은 잎줄기가 자란다. 다시 말해서 야콘 꽃은 뚱딴지처럼 해바라기 꽃을 쏙 빼 박았고, 땅속에는 고구마를 닮은 알이 든다. 덩이뿌리는 흰 것에서 황색·적색·자주색까지 다양하지만 우리나라에서는 주로 흰 것을 심는다.

야콘은 초기에는 조금 더디게 자라다가 6월 이후에 빠르게 성장하고, 첫해보다는 2~3년에 훨씬 더 힘차게 자라며, 그동안에 우리가 보는 야콘 뿌리와 비교가 안 될 정도로 아주 커진다고 한다. 미리 말하지만 앞에서 야콘은 다년초라 했지만 우리나라에서는 겨울 탓에 일년초이고, 따라서 야콘 꽃을 보지 못한다. 뚱딴지가 그렇듯 2~3년생이라야 꽃을 피우기 때문이다.

© Edibleoffice

야콘 잎

© NusHub

야콘의 덩이뿌리

굵은 야콘 줄기는 1.5~3미터 남짓으로 녹색이나 자색을 띄며 털이 부숭부숭 아주 많이 붙고, 원통이거나 다소 각이 지며, 성숙기에는 속이 빈다. 잎은 마주나기하고, 넓은 달걀형으로 가장자리는 들쭉날쭉 톱니 모양이다. 털이 밀생하며 표피에 피톤치드 phytoncide의 일종인 테르펜terpene 물질을 배출하는 분비샘이 있다. 꽃은 노란색에서 옅은 등황색이고, 두상화頭狀花 둘레에는 혀를 닮은 불임성인 혀꽃(설상화舌狀花) 꽃잎이 에워싸고, 가운데에는 씨를 맺는 자잘한 대롱꽃(관상화/중심화)이 많다.

원산지의 야생 야콘은 강변·길가 등 불모지에서도 잘 자라고, 떼 지어 나는 식물로 군락을 이룬다. 재배종은 이미 수천 년 전에 기르기 시작하였다 하고, 1980~1990년경에 먼저 일본에 도입된 다음에 한국·중국·동남아 등지로 퍼졌다고 본다.

씨앗(종자)을 잘 맺지 않는 대신 덩이뿌리와 줄기 사이에 짝 달라붙은 붉은빛이 감도는 영판 돼지감자 닮은 뭉텅이(덩어리)로 영양번식vegetative propagation을 한다. 가을걷이 한 다음에 이것을 잘 보관했다가 이듬해 봄에 땅에 묻어 두고, 거기서 나온 어린 줄기를 떼어 심는다. 다시 말해서 고구마는 원뿌리에서 나오는 순을 잘라 심는데 야콘은 우리가 먹는 덩이뿌리가 아닌 아주 다른 덩이(육아肉芽)에서 싹트는 새순(줄기)을 쓴다.

야콘은 비옥하고, 토심이 깊으며, 배수가 잘되는 사질양토가 좋다. 그리고 보온·보습·토양 침식 억제·잡초 방지로 짚·톱밥·산야초·거적·비닐로 흙을 가리는 것을 덮기(피복被覆, mulch/

mulching)라 하는데 야콘도 비닐을 깔아서 수확량을 훨씬 늘린다. 야콘은 뿌리가 땅속 깊게 들지 않으므로 두둑을 호미나 괭이로 조금 둘러 파고 줄기를 당기면 뽑혀 나온다. 뿌리에 수분이 엄청 많아 고구마보다 잘 부러지므로 뽑을 때나 캐낼 때 조심해야 한다. 조심조심했는데도 필자 역시 여러 번 동강이를 냈으니 할 말이 없다.

야콘은 쌉쓰레한 맛을 내는 껍질을 벗겨 버리고 과일처럼 썰어 생으로 먹지만 무처럼 생채를 만들거나 부침개를 만들어 먹기도 하고, 튀기거나 삶거나 볶거나 해서 먹기도 한다. 또 식감이 좋아 간식으로 먹고, 샐러드·시럽·차로도 먹는다.

야콘에는 천연 인슐린insulin이라고 부르는 이눌린inulin이 푸지게 들었으니 이것은 다당류의 일종으로 돼지감자나 민들레 등 국화과 식물에도 든 탄수화물이다. 야콘 뿌리로 만든 시럽이나 차는 50퍼센트가 프락토올리고당fructooligosaccharide인데 이것은 혈당을 낮춰 주기에 당뇨병 환자에 좋고, 섬유소가 많아 체중 조절하는 사람들에게도 인기다.

야콘 잎을 한소끔 데쳐 쌈으로, 또 말려 묵나물로 먹어도 좋다. 잎사귀에는 이름조차 낯선 프로토카테츄산protocatechuic acid · 클로로겐산chlorogenic acid · 카페산caffeic acid · 페룰산ferulic acid 등이 들었다. 이것들은 대장 유산균인 비피더스균bifidobacteria을 잘 자라게 하는 일종의 프리바이오틱스prebiotics 물질로 병에 대한 면역력을 키워 주고, 노화를 방지하는 항산화제로 작용한다고 한다.

이집트인이 미라를 만들 때 사용한 천연 방부제

육계나무

으스스 춥고 우중충하기 짝이 없는 을씨년스런 날엔 상큼하고 향긋하면서 매콤한 맛을 풍기는 뜨끈한 계피차cinnamon tea 한잔 훅훅 마셨으면 좋으련만……. 생강계피차라면 더더욱 좋고. 군침이 한입 돈다. 계피는 후추, 정향과 함께 세계 3대 향신료 가운데 하나로 특유한 향에 맵싸하고 달달하다. 보통 시나몬cinnamon이라 부르는데 녹나무 몇 종의 나무껍질(목피)에서 나는 향신료로 생약으로도 널리 쓰인다.

계피는 육계나무의 겉껍질을 이르는 말로 감기 해열이나 복통 등에 쓰이지만 가정에서는 수정과를 만드는 데 꼭 있어야 한다. 알다시피 수정과란 잘게 다진 생강과 통계피나 계핏가루를 푹 달인 물에 설탕이나 꿀을 타서 식힌 다음 곶감을 넣고 잣을 띄워 먹는 우리나라 전통 음료가 아닌가.

계피는 세계에서 가장 오래된 신비한 향신료 중 하나로 성경에도 더러 등장한다. 그리스의 역사가 헤로도토스Herodotos는 아랍 지방에 있었던 불사조의 둥지에서 계피를 발견했다고 적고 있을 정도다. 또 기원전 4,000년경부터 이집트에서 미라의 방부제로 사용되기도 했다.

사실 마늘이나 고추, 초피나무나 계피나무 같은 푸나무들이 가지고 있는 향신료는 하나같이 세균이나 곰팡이, 바이러스의 공격을 막는, 스스로 마련한 비장의 방어 성분이다. 우리나라에서도 남부 지방에서는 산초나 배초향排草香(방아풀)을, 아주 더운 중국 남부나 동남아에서는 고수풀(빈대풀) 같은 가지가지 향신 채소를 넣어 음식이 쉬는 것을 막는다.

그리고 서양에서는 예로부터 소화 촉진제나 호흡기/순환기 기능 강화제로 널리 쓰였고, 중국에서는 감초와 함께 전통 중국 기본 한약재 50가지 가운데 하나로 친다. 우리나라에서는 제주도에서 시험 재배를 한다고 들었는데 보나마나 그 또한 중국산에 밀려 이문利文이 없어 전량 수입하고 있을 터다.

육계나무Cinnamomum cassia는 녹나뭇과의 상록 활엽 교목으로 원산지는 중국 남부이거나 베트남으로 추측한다. 연평균 15도 이상인 온난하고 다습한 환경에서 싱싱하게 자라 중국·스리랑카·베트남·브라질·자메이카 등 열대 지방에서 널리 재배된다. 계피에는 중국 종인 육계나무 말고도 실론 계피Ceylon cinnamon, 사이곤 계피Saigon cinnamon, 인도네시아 계피Indonesian cinnamon, 스리랑카 계피Sri Lanka cinnamon 등이 있고, 세계적으로 연간 27,500~35,000톤을 생산한다고 한다.

육계나무는 키가 8미터나 되는 넓은 잎을 가진 키가 큰 나무다. 잎은 어긋나고, 달걀 모양(타원형)이며, 길이 10센티미터 남짓에 찢거나 자르면 계피 냄새를 훅 풍긴다. 잎 끝은 뾰족하고, 가장자리가 밋밋하며, 밑 부분에 3개의 잎맥이 도드라졌고, 앞(위)면은 진녹색으로 반질반질하지만 뒷면은 담녹색으로 꺼끌꺼끌한 잔털이 있다. 가지와 잎이 많이 나고, 묵은 수피는 암회색으로 너덜너덜 벗겨진다. 양성화인 꽃은 5~6월에 연한 황록색으로 새 가지 끝 잎겨드랑이에 달린다. 수술은 3개씩 네 줄로 늘어서고, 암술은 1개이며, 꽃받침은 통 모양으로 여섯 갈래로 짜개진다. 과일은 물열매(장과漿果)로 12월에 검게 익으며 1개의 씨알이 들었다.

계피가 내는 향미는 계피 알데히드cinnamic aldehyde란 성분 때문이다. 그리고 계피의 주성분인 계피 알데히드뿐만 아니라 함께 든 스타이렌styrene, 쿠마린coumarin을 과용하면 간이 상한다 하여 유럽 보건당국이 경고를 한 적이 있다.

그러나 계피를 적당히 쓰면 해마hippocampus나 대뇌 전두 피질부prefrontal cortex를 활성화하기에 우울증이나 정신병에 좋다고 한다. 또 『동의보감』에 계피는 발한·해열·진통·건위·정강 작용을 한다고 적고 있다.

육계나무의 허접스런 바깥 겉껍질(외피)을 말끔히 긁어 버리고

속껍질을 물오른 버드
나무 껍질처럼 죽죽
벗겨 그늘에 말린 것
이 계피다. 계피도 여
럿으로 나누니 비늘처
럼 된 수피를 긁고 난
다음 바로 밑에 있는

© Luc Viatour

계피

매운 부위를 계심桂心, 그 아래의 속껍데기를 육계肉桂, 어린 나뭇
가지를 계지桂枝, 새순을 유계柳桂라 부르며, 부위에 따라 약효가 다
조금씩 다르다고 한다.

　나무줄기의 겉껍질뿐만 아니라 잎줄기·뿌리·꽃·열매의 가루
나 뽑아낸 황금색 계피 기름(정유精油, essential oil)도 상쾌한 청량감과
산뜻한 향, 은은한 단맛을 내기에 여러모로 쓰인다. 보통은 계피
가루나 계피 기름을 빵·과자·케이크·피클·도넛·콜라·음료·
아이스크림·커피·카레 따위에 넣어 은은하게 향미를 돋운다. 그
냄새가 코끝에 향긋이 맴도는구려! 또 민간 요법으로 모기를 쫓
는 방충제로도 쓴다.

　계피, 후추에 버금가는 정향을 아주 간단히 살펴보자. 정향나무
Syzygium aromaticum 역시 열대 상록 교목으로 인도네시아의 몰루카
Molucca 제도가 원산지이고, 탄자니아·인도네시아·말레이시아·
필리핀·베트남 등지에서 난다고 한다. 정향은 유일하게 꽃봉오
리를 쓰는 향신료다. 아름답고 향기로운 자줏빛 정향나무 꽃봉오

리 끝이 뾰족한 못처럼 생겼으면서 향이 있다 하여 정향丁香이라 하고, 영명 'clove'도 '못'을 뜻한다고 한다. 정향은 자극적이지만 싱그럽고 달착지근한 향이 특징으로 계피와 마찬가지로 정향 분말이나 정향유를 식용/약용하며 방부제로도 사용한다. 여러모로 우리 실생활에 없어서는 안 되는, 향기로운 인품이 느껴지는 식물이 아닐 수 없다.

4부

아름답고
화려한
미의
전령사들

늦은 봄에 한적한 산 중턱이나 개울

물이 쫄쫄 흐르는 한갓진 골짜기를 지나가다 보면 화사한 금낭화
錦囊花가 소복소복 지천으로 널려 있는 꽃 대궐을 만난다. 예쁜 금
낭화의 맵시가 옛 여인네들이 치마 속 허리춤에 매달고 다니던
두루주머니(염낭)와 비슷하다 하여 '며느리주머니'라 부른다. 그
리고 서양 사람들은 그 모양이 심장 흡사한 것이, 붉디 붉은 피를
흘리는 것 같다 하여 '피 흘리는 염통bleeding heart'이라 부른다.

금낭화Dicentra spectabilis는 양귀비목, 현호색과에 속하는 다년생
초본으로 40~50센티미터 정도로 훤칠하게 자란다. 보통 겨울 동
안 식물체의 지상부가 말라 죽고 뿌리만 남아 있다가 다음 해에
도 생장을 이어가는 숙근초宿根草로 줄기는 연약한 것이 곧추서며

가지를 친다. 잎은 어긋나고 손바닥 모양이며, 3장의 잔잎(소엽)이 달리는 겹잎(복엽複葉)이다.

학명 가운데 속명 'Dicentra'는 희랍어로 dis(둘)와 centron(꽃뿔)의 합성어로 '두 개의 꽃 뿔'이 있다는 뜻이다. 금낭화의 '꽃 뿔'이란 두 장의 겉꽃 끝부분이 위로 젖혀져 수탉의 며느리발톱처럼 툭 튀어나온 부분을 말하는데, 속이 비어 있거나 꿀샘이 들어 있어 '꿀주머니'라고도 한다. 그리고 종소명 'spectabilis'는 '화려하고 장관이다'란 뜻으로 천의무봉天衣無縫한 '붉은 비단 주머니꽃'의 탐스러움을 이른다.

금낭화의 꽃말은 '당신을 따르겠습니다'란다. 20~30센티미터 남짓의 활처럼 휘어진 긴 꽃대에 주머니 모양의 꽃들이 많게는 20여 개가 줄지어 대롱대롱 매달렸고, 꽃망울은 연한 홍자색의 염통꼴로 그 모양새가 너무 현란하다. 그런데 넘실넘실 꽃들이 주렁주렁 땅바닥을 향해 고개 숙인 것이 마치 언제나 순종하겠다는 겸손한 모습처럼 보였던 모양이다.

꽃잎은 4장이 모여서 편평한 심장형의 볼록한 주머니 모양을 한다. 꽃을 자세히 뜯어 보면 네 장의 꽃잎 중 2장은 분홍색을 띤 겉꽃(외화피外花皮)이고, 나머지 2장은 겉꽃이 감싼 흰 속꽃(내화피內花皮)인데 그 일부가 아래로 뾰족 튀어나와 혀처럼 보인다. 겉 꽃잎을 양쪽으로 벌려 떼 내고, 속 꽃잎을 열어 보면 양편에 각각 3개씩, 6개의 수술과 가운데 암술 1개가 혀같이 생긴 곳(속 꽃잎)에 들어 있다. 열매는 6~7월경에 긴 타원형으로 달리고, 한 개의 꼬투

금낭화

리엔 검고 윤기 나는 종자가 여남은 개씩 들었다.

시베리아·중국 북부·한국·일본 등지를 원산지로 보는데, 금낭화속에 금낭화 1종만 있는 단형單型, monotypic인 종자식물(꽃식물, flowering plant)이다. 우리나라에는 지리산에서 설악산까지 분포하고, 산지의 돌무덤이나 계곡에 자생하며, 돌연변이로 꽃 색이 흰 것도 있다 한다. 옛날 옛적부터 집 안에 심어 온 원예종이라 하겠는데 지리산 자락인 시골 우리 동네에도 집집마다 이 꽃을 심었으니 유례없이 '우리 토종 꽃'이 고샅길에까지 벙싯벙싯 자태를 뽐낸다. 요즘 심는 꽃들이 거의 다 외래종이라 하는 말이다.

번식법이 그리 어렵지는 않다. 7~8월경에 익은 종자를 받아 뿌리는 것이 가장 좋다. 또 늦가을에 괴근을 최소 3~4센티미터 정도의 크기로 잘라 모래에 심으면 다음 해 봄에 싹이 나온다. 또한 배수가 잘되는 큰 화분에 심어 반그늘에 두어도 되며, 달팽이나 민달팽이가 잎에 달려드는 수가 있으나 크게 문제가 되진 않는다.

봄에 어린잎을 삶아서 나물이나 나물밥을 해 먹는다고 하는데, 독성이 있으므로 삶은 뒤 물에 담가 독물을 빼고 먹어야 한다. 한 방에서 식물 전체를 채취하여 말린 다음 부은 종기나 상처를 치료하는 데 쓴다. 사람에 따라 금낭화를 만지면 가벼운 염증이 생기는 수가 있으니 이소퀴놀린isoquinoline이라는 알칼로이드 물질 탓이다. 만진 다음에는 반드시 비누로 손을 씻는 것이 좋다. 나름대로 모든 생물이 자기 방어 물질을 가지는 법이다.

제비꽃과 개미가 아름다운 공생을 하듯이 금낭화도 씨앗 퍼뜨림에 개미의 도움을 받는다. 제비꽃은 자가수분, 수정하여 씨앗을 맺은 후 껍데기를 툭툭 터트린다. 이때 좁쌀보다 작은 제비꽃 씨앗이 무려 2~5미터를 튄다니 참 놀랍다. 그런데 제비꽃 씨앗을 가만히 들여다보면 씨앗마다 조그마한 하얀 알갱이가 씨 한구석에 붙어 있다. 이것이 개미가 즐겨 먹는 지방산과 단백질 덩어리인 '엘라이오솜elaiosome'이다. 엘라이오솜의 *élaion*은 그리스어로 기름, *sóma*는 덩어리란 뜻으로 엘라이오솜이란 '기름 덩어리'란 뜻이다. 이것은 많은 꽃식물(현화식물)들이 씨앗에 미끼로 붙여 놓은 것으로 지질과 단백질이 주성분이다. 개미는 노상 그것을 물어다 새끼(개미 유충)에게 먹인다. 새끼들이 엘라이오솜만 똑 따 먹고 나면 어미 개미는 나머지를 쓰레기장에 내다 버리니 거기에서 새싹을 틔운다. 이런 식으로 종자를 퍼뜨리는 것을 '개미 씨앗 퍼뜨리기^{myrmecochory}'라 하는데 이는 훌륭한 동식물의 공생인 것이다. 이런 영리한 꽃식물에는 제비꽃·금낭화·애기똥풀·피마자 등이 있다.

마지막으로 금낭화가 'bleeding heart'란 이름이 붙게 된 것은 일본의 전설 이야기로 만든 말이긴 하지만 금낭화의 구조를 속속들이 잘 설명하고 있다. "한 싹싹한 젊은이가 귀여운 한 소녀를 죽도록 사랑하게 되었다. 그는 소녀에게 금낭화의 겉꽃잎 닮은 토끼를 선물하였으나 박절하게 거절당한다. 그래서 다음엔 속꽃잎 비슷한 실내화를 선물했으나 역시 매정하고 쌀쌀맞게 퇴자를 맞는다. 마지막으로 꽃 뿔을 닮은 한 쌍의 귀고리를 선물했으나 또 다시 물리침을 당한다. 거듭 실연하여 무척 상심한 청년은 꽃 아래 중간에 불쑥 내민 혓바닥 꼴의 칼로 심장을 찔러 피를 흘렸다." 상그레 웃는 저 며느리주머니에 이런 슬프고 쓰라린 사연이 들어 있다니!

제비와 함께 꽃이 피고 지는 식물

애기똥풀

나름대로 금년 봄도 일손이 무척 바빴다. 후미진 비탈 밭뙈기의 흙을 삽으로 일일이 파 뒤집었으니 말 그대로 새로 일군 것이나 다름없었다. 근방의 큰 아까시나무들이 막무가내로 온 사방팔방으로 뿌리를 뻗쳐 놨으니 그놈들을 중간중간 잘라 주는 일을 겸한 셈이다. 언제도 말했지만 큰 아까시나무 한 그루가 멀게는 500미터까지 뿌리를 뻗는다고 한다. 굵고 잔뿌리가 그물처럼 얽혀 있어 애써 귀한 거름을 줘도 놈들이 다 가로채 버리니 토막을 쳐야 한다. 지겹게도 해마다 뿌리 자르기로 골 빠지는 싸움을 이어간다. 절골지통折骨之痛(뼈가 부러지는 아픔이란 뜻으로 매우 견디기 어렵다는 뜻)이란 말은 이럴 때 쓰는 것이리라.

이제 막 고추·가지·토마토·호박 따위의 모종을 사다 심었다.

이미 남새밭의 새순들이 와락와락 자라 나풀나풀 나비만해지는 이때 즈음이면 이윽고 텃밭은 샛노란 꽃 대궐 속에 갇히고 만다. 진노랑 꽃들을 어울리게 가득 매단 고운 애기똥풀이 도처에 앞다퉈 우르르 지천으로 핀 탓이다.

애기똥풀*Chelidonium majus*은 쌍떡잎식물 양귀비목 양귀비과의 다년초로 유럽, 서아시아가 원산지이고, 세계적으로 1속 1종이 있는 단형종이다. 유럽·북미·동아시아 등지에 분포하고, 우리나라 전국에 고루 자생한다.

줄기는 줄잡아 30~120센티미터로 무릎 위에 차 올라올 정도로 곧추선다. '젖풀', '까치다리', '씨아똥'이라고도 부르고, 또 흔히 장난삼아 '유아변초幼兒便草'라 한다. '애기똥풀'이라는 이름은 잎줄기를 자르면 나오는 샛노란 액즙이 젖먹이 아기의 대변을 닮았다고 해서 붙은 이름이다. 마을 근처의 반 음지에 습기 찬 밭가, 길가나 풀밭에서 잘 자란다. 그리고 아주 공격적이라 어쩌다 한 포기가 생기는 날에는 천지 사방으로 복닥복닥 퍼져 온통 애기 똥밭을 만들어 놓는다.

한 포기에서 줄기가 무더기로 나와서 아주 부피가 나 자리를 많이 차지하지만 나긋나긋하고 부들부들한 것이 매우 여리고 뿌리가 깊지 않아 잘 빠진다. 7~11개의 홀수 잔잎이 붙는 겹잎이며, 잎 뒷면은 흰색이고 표면은 녹색이다. 당근색을 띤 뿌리가 많으며 뿌리도 다치면 역시 노란 즙액을 뿜는다. 줄기에 새하얀 잔털이 다닥다닥 수없이 붙어 있고 속이 비었다.

애기똥풀 꽃
© Drow_male

애기똥풀celandine의 꽃은 5~10월에 노랗게 피고, 줄기 끝부분에 우산꽃차례(산형화서傘形花序 — 꽃대의 꼭대기 끝에 여러 개의 꽃이 방사형으로 달린 무한 꽃차례)를 이룬다. 약 1센티미터 크기의 샛노란 꽃잎은 4장으로 긴 달걀 모양이고, 수술은 여럿이며, 암술은 가운데 1개로 머리는 굵고, 끝이 2갈래로 얕게 갈라진다. 무르익은 열매는 긴 원통형의 꼬투리로 길이가 3~4센티미터이며, 속에는 검은 종자(씨앗)가 여럿 들었다.

이 풀은 구토·설사·신경 마비를 일으키는 독성인 이소퀴놀린이나 켈리도닌chelidonine을 가진 독초이기 때문에 초식동물들이 싫어하고, 근근이 살았던 옛날 어른들도 아무리 구차한 보릿고개에도 봄나물로 먹지 않았다. 속명 켈리도니움Chelidonium에서 이 풀의 서양 이름인 'celandine'이 유래했다고 하는데 이는 고대 희랍어로 제비swallow를 뜻하며, 유럽에서 제비가 올 때에 꽃이 피기 시작해 제비가 떠날 때쯤에 꽃이 지기 때문에 붙여진 이름이라 한다.

애기똥풀의 잎이나 줄기가 잘릴 때 나오는 노란 유액을 손톱에 바르면 아주 멋진 매니큐어가 된다. 그런데 앞에서 말했듯 식물

즙에는 독이 있는지라 자칫 접촉성 피부염(짓무름)이나 눈 가려움 증을 일으킬 수가 있으니 식물을 만진 다음엔 비누로 손을 씻어야 한다. 그리고 애기똥풀의 샛노란 즙이 살에 묻으면 잘 지워지지 않고, 예로부터 대문에 천연 염료로 사용해 왔다고 한다.

또 께름칙한 독도 적당한 양을 잘 쓰면 약이 되니 애기똥풀 즙을 바이러스성인 사마귀^{wart}가 난 곳에 바르면 사마귀가 없어진다 하고, 뱀이나 독충에 물린 상처에 풀을 짓찧어 발라 줘도 효능이 있으며, 티눈 제거에도 사용된다. 한방에서는 식물체 전체를 위장염과 위궤양으로 인한 복부 통증에 진통제로 쓰고, 이질·황달형 간염·결핵·옴·버짐 등에 사용하는 유용한 약초다.

애기똥풀은 현대 의학에서도 인정하는 약초이다. 잎이나 뿌리에 콥티신^{coptisine}, 알로크립토핀^{allocryptopine} 등 10여 가지의 약 성분이 들어 있어 작은 상처를 아물게 하고, 강한 항생제에도 듣지 않는 내성균인 황색포도상구균$^{Staphylococcus\ aureus}$에도 항균 작용을 한다. 또한 암이나 에이즈 치료, 담즙과 이자액의 분비를 촉진하는 등 많은 새로운 사실들이 밝혀지고 있다. 나름대로 허접스러워 보이는 야생초가 이렇게 훌륭한 생약이 되니 식물 자원 보호를 몹시 강조하는 까닭이 여기에 있다.

앞서 열매 꼬투리 속에 작은 흑색 씨가 들어 있다고 말했다. 금낭화나 제비꽃처럼 애기똥풀의 씨앗에도 개미가 즐겨 먹는 푸짐한 지방산과 단백질 덩어리인 '엘라이오솜'이란 미끼를 씨앗에 붙여 놨다. 개미는 서슴없이 씨알을 제집으로 물고 가 엘라이오솜만 똑 떼어 먹고 집 주위에 버려 버리니, 이렇게 개미 덕에 씨앗을 사방으로 퍼뜨리고 잽싸게 촘촘히 싹을 틔워 새로 살 자리를 잡는다. 세상에 공짜는 없는 법이다. 얕볼 수 없는 애기똥풀은 개미에게 먹을 것을 주고, 개미는 종자를 산포散布(퍼뜨림)해 주니 말이다.

닭의 볏을 닮은 꽃잎을 지닌 풀

닭의장풀

닭의장풀*Commelina communis*은 외떡잎
식물, 닭의장풀과의 한해살이풀로 일상적으로 '달개비' 또는 '닭
의씻개비'라 부른다. 닭의장풀은 뒤꼍·빈터·농지 언저리·냇가
나 습지의 가장자리 등 물기가 축축한 반음지의 땅에 잘 산다.
학명의 속명 코멜리나*Commelina*는 이 식물을 린네가 명명하면서
17세기의 네덜란드의 두 식물학자 얀 코멜린*Jan Commelijn*과 그의
조카 카스파르 코멜린*Caspar Commelijn*을 기려 붙인 이름이고, 종소명
*communis*는 common(흔한)이라는 뜻의 라틴어로 매우 흔한 풀
이란 뜻이다. 그래서 닭의장풀을 'common dayflower'라 부르고,
우리나라를 포함하는 극동이 원산지라고 'Asiatic dayflower'라 부
르기도 한다. 한국·만주·대만·일본·아무르·우수리 등지에 많

고, 북미나 유럽으로는 관상용으로 들여갔다고 한다.

또 꽃이 꼭 하루만 피고 진다고 하여 'dayflower'라 불렀으니, 저녁 무렵이면 이운 꽃잎들이 홀연히 스르르 녹아 버리고 만다. 인무십일호人無十日好요 화무십일홍花無十日紅(인간사 열흘 가는 기쁨 없고, 예쁜 꽃도 10일 붉지 못한다)인데 월만즉휴月滿卽虧이니 권불십년權不十年(달도 차면 기우니 권력도 10년 넘지 못한다)이라더니만…….

닭의장풀은 사람과 가까이 사는 식물이다. 줄기는 곧추서 15~30센티미터이고, 밑 부분은 옆으로 비스듬히 자라 마디마디에서 헛뿌리를 내리고, 장마 동안에 공기 중에서도 하얀 가근假根을 뻗는다. 잎은 어긋나고, 윗면은 진한 녹색이며, 뒷면은 엷은 녹색이고, 바소꼴(피침형)로 길이가 5~7센티미터, 폭이 1~2.5센티미터이다. 잎 아래엔 줄기를 감싸는 얇은 막으로 된 잎집이 있다. 꽃은 7~8월에 푸른빛으로 맑고 밝게 피고, 잎이 변한 심장형의 넓적한 포엽苞葉(꽃의 바로 아래에 꽃망울을 싸서 보호하는 작은 잎) 속에 꽃봉오리 서너 개가 싸여 있으며, 하나씩 꽃자루가 길어지면서 차례대로 핀다. 손만 닿아도 뭉그러질 듯 야들야들한 꽃은 향이 없고 꽃물도 없어서 곤충에게 꽃가루밖에 줄 게 없다. 하늘하늘 연약한 꽃잎은 외떡잎식물이라 3장인데, 그중 위에 있는 2장은 크고 둥근 것이 새파랗고, 아래에 자리한 나머지 하나는 바소꼴로 흰색이다. 꽃잎이 파란 것은 마그네슘과 안토시안이 결합한 메탈안토시아닌metalloanthocyanin의 빛깔 때문이다.

암술은 1개로 길다. 수술은 6개로 그중 아래 바닥에 있는 3개의 짧은 것은 불임성으로 꽃밥을 만들지 못하는 헛수술(가웅예假雄蕊)이고, 위로 길게 뻗은 길쭉한 3개는 꽃가루를 만드는 꽃밥을 가진 가임성이다. 그 3개 중 양쪽의 2개는 꽃밥이 갈

닭의장풀 꽃
© yamatsu

색인 반면에 가운데 것은 꽃술이 좀 짧은 것이 노란 꽃밥을 가진다. 열매는 타원형으로 2개의 씨방이 있고, 각각 2개씩의 씨앗이 들어 있어 총 4개다. 종자는 삼각형에 가깝고, 검거나 검은 갈색이며, 겉이 매우 거칠다.

닭의장풀은 식물이 어떻게 곤충(벌이나 꽃등에)을 끌어들이는가를 연구하는 데 쓰인다. 곤충을 유인하기 위해 2장의 푸른 꽃잎과 꽃가루를 만드는 수술과 헛수술 3개가 모두 중요한 몫을 담당한다. 다시 말해서 꽃잎이나 꽃밥을 만드는 수술, 헛수술을 따로따로 제거해 보았더니만 역시 방문객이 줄어드는 것을 확인하였다고 한다. 그럼 그렇지, 필요 없는 것을 매달고 있을 리 만무하지.

닭의장풀은 기공의 여닫이에 관련된 공변세포孔邊細胞, guard cell의 팽압turgor pressure 조절 실험에 많이 사용된다. 또한 색소 발생의 원리를 연구하는 재료로 쓰이며, 근래 알려진 것으로 구리(Cu)와 같은 중금속들을 흡수(체내 축적)하기에 이것을 심어서 토양의 중금

속을 줄이는 데 쓸 수 있을 것이라 한다. 닭의장풀은 들풀의 하나로 선조들은 어린 잎줄기를 나물로 먹었으며, 꽃잎은 남색 물감으로 이용했다. 중국에서는 압척초^{鴨跖草, duck foot herb}, 일본에서는 노초^{露草, dew herb}라 하여 해열·이뇨·천식·위장염에 한방 약재로 썼으며, 생잎이나 그 즙을 화상이나 베인 데, 뱀에 물린 데 붙이거나 발랐다.

청초하고 고상한 풀꽃이 닭의장풀(달개비)이다. 가까이서 보면 예쁘고 자주 보면 사랑스럽다. 귀하게 보면 꽃 아닌 것이 없고 하찮게 보면 잡초 아닌 것이 없다 하였겠다! 한글명 '닭의장풀'의 뜻은 여러 가지로 해석한다. '닭장 근처에서 많이 자라고, 꽃잎이 닭의 볏과 닮아서' 붙여진 이름이라 하지만 그렇다면 '닭장풀'이란 이름을 썼을 터다. 가장 믿음직스런 것은 한자명인 '鷄腸草(계장초)'를 '닭의장풀'로 풀어 썼을 것이라 본단다. 다시 말해 중국인들이 쓰는 압척초(오리의장풀)에다 오리(鴨) 대신 닭(鷄) 자를 넣었을 것이라고 본다. 중국은 오리를 많이 키우지만 우리는 닭을 더 많이 키우니까 그럴 것이라는 해석이다. 암튼 어원을 찾기가 이렇게 무척 어렵다.

달개비와 엇비슷한 것으로는 자주달개비^{Tradescantia reflexa}가 있다. 같은 닭의장풀과에 속하지만 닭의장풀과 사뭇 다르다. 여러해살이풀이고, 꽃은 닭의장풀보다 이른 5월에 피며, 수술대에 자잘한 청자색 털이 한가득 난다. 또 식물 자체가 자주색이고, 키가 보다 크며, 꽃이 짙은 자주색인 것도 서로 다른 점이다. 북아메리카

자주달개비

원산으로 서양에서 온 달개비라고 '양달개비'라 부르며, 관상용으로 우리나라에도 많이 심는다. 원형질 유동과 세포 분열 등을 관찰하기 쉬워 식물학에서 일반 실험 재료로도 흔히 쓰인다.

어쨌든 닭의장풀은 별난 이름만큼이나 예쁜 풀임에 틀림없다.

야심한 밤에만 꽃을 피워 동물을 부르는 식물

달맞이꽃

달맞이꽃_Oenothera biennis_은 쌍떡잎식물, 바늘꽃과의 두해살이풀로 한여름에 지천으로 피어나는 흔한 들꽃이다. 미국, 캐나다를 포함하는 북아메리카 원산으로 세계적으로 온대지방에 넓게 귀화하여 지금은 어디서나 널리 깔려 있다.

어둠이 깃들어 달이 뜰 때쯤 핀다고 하여 달맞이꽃_evening primrose_이라고 하는데 밤새 피었다가 다음 날 아침에 해가 뜨면 시나브로 이울어 버린다. 그래서 월견초月見草 또는 야래향夜來香이라 부르기도 한다. 열흘 붉은 꽃이 없다 하였는데 이는 '하루살이 꽃'인 셈이다. 또 밤에 피는 꽃(야화夜花)이라 하여 행실이 좋지 못한 여인에 빗대기도 한다.

달맞이꽃은 우리나라에서도 터전을 가리지 않고 아무 데서나

잘 자라는 야생화다. 굵
고 곧은 뿌리로부터 보
통 1개의 줄기가 나와 곧
추서며, 키가 50~90센
티미터 안팎으로 사람
허리춤에 닿는다. 식물
체 전체에 짧은 털이 부
숭부숭 나고 잎은 어긋
나기하며 끝이 뾰족한데

달맞이꽃

가장자리에 자잘한 짧은 톱니가 많다. 여린 잎과 뿌리를 한소끔
데쳐 먹고, 꽃은 샐러드로, 서양에서는 뿌리는 와인 향을 내는 데
썼다고 한다. 소박하면서 호화롭다고나 할까. 샛노랗게 맑은 꽃
은 양성화로 7~8월에 피고, 지름이 2~3센티미터이다. 풀꽃의 세
세한 구조는 육안으로는 자세히 보기 어렵다. 꽃받침 조각은 4개
인데 2개씩 합쳐지고 꽃이 피면 뒤로 젖혀진다. 야들야들한 꽃잎
은 4개이고, 수술은 8개이며, 암술은 1개로 암술머리가 네 갈래로
갈라진다. 향기가 세지는 않지만 은은하고, 꽃가루는 끈적끈적해
서 곤충들 몸에 쉽게 달라붙는다. 가루받이가 끝나면 꽃은 송이째
뚝뚝 떨어지고 뒤따라 곤봉 꼴의 열매가 다닥다닥 매달린다. 열매
이삭들은 여물면 과피果皮가 말라 쪼개지면서 홀랑 씨를 퍼뜨리는
삭과蒴果, capsule로 긴 타원형이고, 길이가 2.5센티미터이다. 네 조각
으로 짜개지면서 깨알보다 작은 1~2밀리미터의 작고 길쭉한 씨

들을 산산이 쏟아낸다. 씨앗은 약으로 쓰이는데 새들의 먹잇감도 된다. 모든 씨앗이란 씨앗에는 여러 영양분이 진하게 응축되어 있어 씨앗이 발아하는데 필요한 양분을 죄 가지고 있다. 또 달맞이 꽃은 냉이나 꽃다지처럼 봄에 나는 새순을 삶아 먹으니 겨울을 이기고 나왔기 때문에 특수한 영양분이 풍부한 탓이다.

무르익은 달맞이 꽃씨는 기름을 짜는데, 종자유種子油에는 인체가 스스로 만들어 낼 수 없는 지방산fatty acid인 감마리놀렌산gamma-linolenic acid이 7~10퍼센트 차지한다. 그것 말고도 리놀레산·리놀산·아라키돈산 같은 필수 지방산이 가득 들었다고 한다.

달맞이꽃은 꽃에서부터 뿌리까지 다 쓴다. 달맞이꽃은 본래 북미 인디언들이 몸이 언짢을 때 약초로 썼던 식물이다. 그들은 달맞이꽃의 전초(잎·줄기·꽃·뿌리 따위를 가진 옹근 풀포기)를 물에 다려서 피부염이나 종기 치료에 썼고 기침이나 통증을 멎게 하는 약으로도 사용했다고 한다.

우리 한방에서는 인후염이나 기관지염이 생기면 뿌리를 잘 말려 끓여 먹기도 했다. 피부염이 생겼을 때는 달맞이 꽃잎을 생으로 찧어 피부에 발랐고, 여성들의 생리 불순과 생리통에도 이용했다.

여기에 서양 문헌에 나와 있는 달맞이꽃 종자 기름의 약효를 모조리 적어 본다. 우리도 한때 유행을 탔으나 지금은 한물갔지 않나 싶다. 씨앗 기름은 앞에서 말했듯이 지방산이 주성분으로 골다공증·암·알코올 중독·알츠하이머병·정신분열병·위궤양·당뇨성 신경통·피부 가려움증·천식·만성피로·습진·관절염·유방 통증 등에 먹는다고 하니 만병통치약이 무색할 지경이다. 또한 보조 식품으로도 먹고, 비누나 화장품을 만드는 데도 쓴다. 그러나 무턱대고 과잉 섭취하면 종종 뒤탈이 생기니 출혈을 일으키고, 임산부나 수유 중인 산모에게도 해롭다고 한다. 이렇게 아무리 좋은 것도 괜히 지나치거나 치우치면 늘 화가 뒤따른다.

가을에 땅바닥에 떨어진 씨는 곧 싹을 틔워 한참 자라고, 겨울에서 이른 봄까지 밭이나 논둑에 납작 엎드려 지내다가 5월 말이면 세차게 쑥쑥 큰다. 그래서 이태를 사는 2년 초이다. 핼쑥하고 시푸르죽죽 검붉게 빛 바랜 달맞이꽃이 강단(끈기) 있는 냉이·민들레·애기똥풀들과 함께 도래방석처럼 둥글넓적하게 쫙 펼쳐서 땅바닥에 바싹 엎드린 모습을 심심치 않게 볼 수 있다.

또한 달맞이꽃은 아래위의 크고 작은 잎들이 번갈아, 엇갈려 나면서 동심원으로 켜켜이 포개졌다. 그 매무새가 마치 장미 꽃송이 같다 하여 로제트rosette 형이라 한다. 무슨 수를 써서라도 거뜬히 월동하겠다는 심사다. 마치 겨울 노지에 자라서 잎이 널따랗게 퍼진 겉절이용 봄배추(봄동)처럼 생긴 것들이 전형적인 로제트 꼴이며, 겨울 풀들은 틀에 찍어 낸 듯 하나같이 그런 모양새다.

달맞이꽃은 남다르게 야심한 밤에 꽃을 피운다. 그들은 밤에 꽃향기를 피워서 야행성 동물을 불러들인다. 늙은 달맞이꽃은 어둑한 낮에도 꽃잎을 활짝 여는 수가 있지만 짐짓 낮에는 냄새를 피우지 않고 해가 져야 비로소 풍긴다. 또한 달맞이꽃이 밤에도 환히 눈에 잘 보이는 것은 스스로 발광하는 인광燐光 때문이다. 꽃은 자외선을 뿜어 내어 꽃가루 매개자인 박쥐나 나방의 눈에 잘 띄게 한다. 암튼 꽃들의 숨 막히는 갖은 유인작전들에 아연하지 않을 수 없도다!

애틋한 전설과 함께 양반의 상징이 된 식물

능소화

며칠 전에 처가(경상북도 청송)를 다녀왔는데, 가는 곳마다 능소화가 주렁주렁 늘어뜨린 가지에 흐드러지게 피어 있었다. 이 꽃은 겨울 추위에 약해서 중부 이남에만 피는 여름 꽃이다. 한마디로 머잖아 늦더위(노염老炎)와 함께 떠날 대표적인 여름 꽃인 능소화가 남녘 곳곳에는 발에 채일 정도로 한창 피어 있었다.

한여름에 까마득한 옛날부터 내려오는 전설 하나를 옮겨 와 조금 각색하여 전한다. "옛날 어느 궁궐에 복사꽃 고운 뺨에 자태도 아리따운 앳된 소화霄花라는 어여쁜 궁녀가 있었다. 임금의 남다른 사랑을 받은 소화는 빈嬪의 자리에 올라 궁궐 외딴 한구석에 처소가 마련되었다. 그러나 어찌된 일인지 임금은 소화의 거처에 통

오지 않았다. 착한 소화는 이제나저제나 임금을 마냥 기다릴 따름
이었다. 하지만 다른 비빈妃嬪(왕비와 후궁)들의 시샘과 음모 때문
에 궁궐의 가장 깊숙한 곳까지 억울하게 밀려나게 된다. 참한 그
녀는 그런 것도 모른 채 임금이 찾아오기만을 애타게 기다렸다.
혹 임금의 발자국 소리라도 나지 않을까 그림자라도 비치지 않을
까 담 주변을 서성이기도 하고, 담 너머로 하염없는 눈길을 보내
며 사무치게 애태우는 사이에 모진 세월은 부질없이 흘러만 갔다.
그러던 어느 여름날 뼈저린 기다림과 외로움에 지친, 당차지 못
한 소화는 상사병에 걸려 '담 가에 묻혀 내일이라도 오실 임금님
을 기다리겠노라'는 애절한 유언을 남기고 끝내 쓸쓸히 죽어 갔
다. 더위가 기승을 부리는 어느 한여름 날, 모든 꽃과 풀들이 더위
에 시들어 축 늘어져 있을 때, 소화의 처소를 둘러친 담을 덮으며
주홍빛 입을 넓게 벌린 꽃이 넝쿨 따라 곱게 피어났다. 이 꽃이 바
로 능소화라 전해진다. 그렇다. 능소화凌霄花는 아리따운 소화宵花
를 능가하는(凌), 오히려 소화보다 더 예쁜 꽃이란 뜻이로다!

능소화하면 이해인 시인의 「능소화 연가」도 생각난다. "이렇
게 / 바람 많이 부는 날은 / 당신이 보고 싶어 / 내 마음이 흔들립
니다 // (…) 당신의 그 눈길 하나가 / 나에겐 기도입니다 / 전 생
애를 건 사랑입니다." 기다려도, 기다려도 오지 않는 임을 기다린
다는 능소화, 그래서 능소화의 꽃말은 기다림, 그리움이라 한다.

능소화Campsis grandiflora는 능소화과의 갈잎(낙엽) 덩굴성 목본식
물로 꽃은 8~9월에 피고, 꽃잎 지름이 6~8센티미터로 황적색이

다. 학명의 속명 *Campsis*는 능소화, 종소명 *grandiflora*는 꽃이 크다는 뜻이다. 벽에 붙어서 올라가는 덩굴줄기(만경蔓莖)로 길이가 어림잡아 10미터에 달한다.

© Dalgial

능소화

꽃 한 송이도 허투루 피는 것이 없다 했지. 중국이 원산지인 능소화는 습기가 차고 기름진 토양에, 태양이 가득 비치는 곳에 잘 살고, 붙잡고 기대 올라갈 무엇이 있어야 한다. 그래서 예로부터 담벼락이나 큰 나무 밑에 심었다. 담쟁이덩굴처럼 줄기의 마디에 생기며(공기뿌리의 일종임) 다른 물체에 잘 달라붙는 원반 꼴인 흡착뿌리(흡착근吸着根)를 건물의 벽이나 다른 물체에 잔뜩 내려, 타고 오르며 자란다.

옛날에는 능소화를 양반 꽃이라 불러 양반집 마당에만 심을 수 있었고, 평민의 집에 심으면 잡아다 곤장을 쳤다고 한다. 그래서 능소화는 양반가의, 접시꽃은 상민의 상징이 되었다. 또 옛날 문무과에 급제한 사람에게 임금이 하사하던 종이꽃 어사화御賜花도 능소화이다.

잎은 마주나고 홀수깃꼴겹잎이다. 소엽은 7~9개로 달걀 모양

© KENPEI

능소화 꽃

이고, 길이가 3~6센티미터이며, 끝이 점차 뾰족하고 가장자리에는 톱니와 털이 있다. 나팔처럼 벌어진 주황색의 꽃이 늦여름 즈음에서부터 초가을에 걸쳐 핀다.

꽃은 가지 끄트머리에 5~15개씩 열리는데 다른 꽃들처럼 우러러보지 않고 연방 머리를 아래로 떨어뜨리고 달린다. 꽃받침 길이는 얼추 3센티미터로 다섯 갈래로 갈라지며, 갈라진 조각은 바소꼴이고 끝이 뾰족하다. 꽃 전체를 이르는 화관(꽃부리)은 깔때기와 비슷한 종(나팔) 모양으로 위쪽이 다섯 갈래로 갈라진다. 수술은 4개이고 그중 2개가 길며, 암술은 1개이다. 무르익으면 과피가 말라 쪼개지면서 씨를 퍼뜨리는, 여러 개의 씨방으로 된 열매(삭과)는 네모지며 두 쪽으로 갈라진다. 엇비슷한 종으로 능소화보다 꽃이 좀 작고 색은 더 붉은 미국능소화 *C. radicans*가 있다.

능소화 화분이 눈에 들어가면 실명할 수도 있다는 흉흉한 뜬소문이 있으나 사실과 다르다. 여태 능소화의 화분으로 인해 덧나거나 실명 피해를 본 사례가 한 차례도 없을뿐더러 연구 결과 능소화의 꽃·잎·줄기·뿌리에는 세포 독성이 거의 없는 것으로 나타났다. 또 일반적으로 꽃가루 알레르기를 유발하는 것은 풍매화가 대부분인데, 능소화 꽃가루는 꿀벌·호랑나비 등의 곤충에 의해 수분(꽃가루받이)이 되는 충매화다. 생사람 잡는다더니만, 잘못했으면 애먼 능소화가 독성 식물로 취급당할 뻔했다.

사찰과 인연이 깊은 극락정토의 꽃

꽃무릇

바야흐로 가을이 성큼 찾아들 무렵
이면 전북 고창의 선운사 꽃무릇이 이름나 많은 사람이 그곳을
찾는단다. 선운사를 가 보지는 못했지만 고향의 한 친구가 꽃무릇
뿌리를 얻어다 화단에 심어 놓아 철철이 그 꽃을 만난다. 상사초
도 그 곁에 밭을 이루었으니 여름엔 상사초를, 만추^{晩秋}엔 꽃무릇
을 감상한다. 게다가 그들 꽃에는 호랑나비들이 살갑게 다가와 주
니 한결 운치를 더한다.

꽃무릇^{Lycoris radiata}은 수선화과의 다년생 초본으로 알뿌리식물
(구근식물^{bulbous plant})이다. 그리고 '돌 틈에서 나는 달래'를 닮았다
하여 '석산^{石蒜}'이라 하고, 상사초를 닮았다 하여 '붉은상사초'라
부르며, 서양 사람들은 'Red Spider Lily'라 부른다. 추위에 약한

편이라 우리나라에서는 남부지방의 선운사나 불갑사 등의 산사 근처 숲속에 많이 심었다.

© Alpsdake

꽃무릇

화엽불상견花葉不相見이라, 꽃과 잎은 서로 만날 수 없다! 꽃무릇이나 상사화相思花는 결코 화엽花葉이 만날 수 없는 애절한 사랑을 상징하는 식물로 꽃말이 '이룰 수 없는 사랑'이란다. 상사병相思病이란 남녀가 마음에 둔 사람을 몹시 그리워하는 데서 생기는 마음의 병이렷다. 두 꽃 모두 잎사귀 한 장 없이 가녀린 꽃대 위에 오뚝 꽃송이들을 매달았으니 왠지 모르게 구슬픈 그리움과 애틋한 외로움이 배어 있는 듯하다.

꽃무릇과 상사화는 혼동하기 쉽다. 그러나 무엇보다 꽃무릇은 꽃이 진 뒤에 퍼뜩 잎이 나지만 상사화는 잎이 지고 꽃이 피고, 또 꽃무릇 꽃은 짙은 선홍빛인데 비해 상사화는 연보랏빛이거나 노란빛이다. 또한 꽃무릇은 10월 초순에 꽃을 피우는 반면에 상사화는 7월 말쯤에 꽃이 피니, 한마디로 꽃무릇이 가을 꽃이라면 상사화는 여름 꽃이다.

이야기가 나온 김에, 상사화*Lycoris squamigera* 역시 알뿌리를 갖는

© Namazu-tron

상사화

수선화과에 딸린 여러해살이풀로 꽃무릇과 같은 *Lycoris*속이다. 같은 속이란 분류 단계에서 종 다음으로 가깝다(비슷하다)는 의미 이다. 상사화도 제주도를 포함한 중부 이남에 분포하고, 난초 잎 과 비슷한 잎이 2~3월경에 일사분란하게 나온다. 푸르렀던 잎은 6월이면 가뭇없이 시들어 버리고 8월 초면 꽃이 핀다. 꽃대가 쑥 쑥 자라 네댓새 만에 곧장 꽃을 피우며, 무척 향기로운 냄새를 풍 긴다.

그리고 꽃무릇과 이름이 비슷한 무릇*Scilla scilloides*이란 것이 있는 데 학명을 비교해 보아도 속명이 완전히 다름을 알 것이다. 무릇 은 심지어 과까지 다른 백합과에 들기에 수선화과의 꽃무릇과 더 더욱 판이한 초본이다.

꽃무릇으로 돌아와, 이것의 원산지는 아마도 한국이거나 중국, 네팔로 추정하며, 그것이 일본으로 건너가 미국 등 세계적으로 퍼져 나갔다. 한국·일본·중국·인도차이나·미얀마 등지에 22종이 나고, 일본에선 무려 230품종을 개량했다 하니 그들이 죽고 못 사는 꽃 중의 하나이다.

그런데 3배체의 수박씨를 만들어 심으면 씨 없는 수박이 되듯이 일본이나 우리나라의 것은 염색체가 3n(삼배체)이라 씨가 생기지 않지만 중국 것은 씨를 맺는다. 다시 말해서 우리의 꽃무릇은 불임으로 모조리 뿌리번식(영양번식)을 하고, 옆으로 뿌리가 자꾸 새로 번져 나 무더기를 이룬다.

화무십일홍花無十日紅이라고, 황홀하고 찬란했던 꽃무릇은 일주일이면 홀연히 시들어 버리고, 꽃이 지자마자 단숨에 줄기차게 앳된 잎눈이 대거(한꺼번에 많이) 안간힘을 다해 치솟기 시작한다. 역시나 수선화를 닮아 잎은 길고 부드러우며, 길이는 30~60센티미터로 길쭉하고(외떡잎식물로 잎맥이 나란함) 폭은 0.5~2센티미터이다. 한가운데에 굵고 흐릿한 잎맥이 있는 잎은 푸른빛을 띤 진녹색이고, 늦가을에 시들기도 하지만 겨우 내내 추위를 견뎌 푸름을 이어간다.

알뿌리는 여러 겹의 비늘로 싸였고, 길이 5~8센티미터, 폭 3~5센티미터이다. 잎이 진 뒤 허겁지겁 길이 30~70센티미터의 가녀린 꽃대(꽃자루)가 생겨나고, 그 끝에 여러 개의 꽃이 달리는 우산 꼴인 산형화서傘形花序다. 꽃잎은 하늘하늘 나리꽃처럼 뒤로 굽고, 야무진 꽃밥이 달린 7개의 긴 수술이 꽃잎보다 훨씬 길게 쭈뼛쭈뼛 뻗는다.

우리나라의 꽃무릇이 유독 절에 많은 까닭은 뭘까? 바로 꽃무릇 뿌리에 리코린Lycorin, 리코레닌Lycorenin, 세키사닌Sekisanin 등 여러 가지 알칼로이드 독 성분이 든 탓이다. 사찰과 불화佛畵를 보존하기 위해 알뿌리를 많이 사용해 왔으니, 절집을 단장하는 단청이나 탱화에 독성이 강한 꽃무릇의 뿌리를 찧어 바르면 해로운 벌레인 좀이나 벌레가 슬거나 꾀지 않는다고 한다. 인도에서는 야생 코끼리 사냥용 독화살에 발랐다고 할 정도로 독한 뿌리다.

그런가 하면 일본에서는 자고이래로 꽃무릇 꽃을 가을의 신호로 여겼다. 또 논가나 담장 밑에 많이 심으니 해충이나 쥐 따위의 해로운 동물을 마구 쫓기 위함이다. 또한 일본에서는 이 꽃을 장례식에 흔히 쓰고, 이토록 현생의 고통에서 벗어나 열반의 세계에 드는 피안화彼岸花라거나 사바세계의 저쪽에 있다는 극락정토極楽浄土의 꽃으로 섬긴다고 한다. 무덤가에도 더러 심으니 망인에게 바치는 꽃인 셈이다. 그러나 이 꽃은 애오라지 죽음과 관계 있는 불길하고 발칙한 꽃이므로 꽃무릇 꽃다발을 대놓고 함부로 줘서는 안 된다고 한다. 그런가 하면 중국에서도 비슷하게 황천黃泉이나 지옥地獄으로 인도하는 꽃으로 여긴다.

눈을 녹이고 꽃을 피우는 발열 식물

복수초

해마다 봄이라 말하기엔 한참 이른 2월 이맘때면 우아하고 고혹적인 샛노란 꽃망울을 매단 봄의 전령 복수초福壽草가 맨 먼저 차디찬 눈 속을 빼족 비집고 고개를 내민다. 뼈가 시린 송곳 추위도 아랑곳하지 않고 이렇게 설치니 말해서 턱없이 억척스럽고 검질기다.

복수초Adonis amurensis는 미나리아재빗과에 딸린 여러해살이풀로 해발고도 800미터 이상의 낙엽 활엽수림에서 볼 수 있다. 미소년이란 뜻의 아도니스Adonis속 식물은 세계적으로 20~30종이 있고, 우리나라에는 복수초·가지복수초A. ramosa·세복수초A. multiflora가 있으나 계통 분류학적으로 논란이 많다 한다. 한국이나 일본, 만주를 원산지로 여기며 한국·중국 동북부·일본·러시아 동북부·

복수초

시베리아 등 극동 지역에 자생한다.

복수초란 일본식 한자명을 그대로 따온 것으로, 꽃이 황금색 술잔처럼 생겼다고 측금잔화側金盞花, 새해 설 무렵에 핀다고 원일초元日草, 눈 속의 연꽃 같다 하여 설련화雪蓮花라고도 한다. 또 우리말로는 꽃 둘레가 에어 낸 듯 녹아 틈새가 똥그랗게 생긴다고 '얼음새꽃'이라 부른다.

우리나라 각처의 비탈진 산지 숲속 그늘이 진 곳에 자라고, 키가 10~30센티미터 남짓이다. 잎은 세 갈래로 갈라지고, 끝이 둔하며, 깃꼴겹잎(우상복엽)으로 어긋나고, 잔잎은 깊게 째진다. 짧고 굵은 뿌리줄기엔 흑갈색의 잔뿌리가 우북수북하다. 원일초는 2월께 이미 꽃망울을 틔우기 시작하여 3~4월에 꽃을 피우고, 5월이면 벌써 이운다. 지름 4~6센티미터쯤 되는 꽃은 원줄기 끝에 1개씩 달리고, 꽃대가 올라오면서 마침내 진노랑 꽃잎이 펴지기 시작한다. 20~30개의 꽃잎이 낱낱이 수평으로 좍 퍼지고, 많은 암술은 옹기종기 오붓이 가운데 자리하며, 여러 개의 긴 수술대를 가진 수술이 암술 둘레를 뺑 둘러싼다. 짙은 녹색의 꽃받침조각은 8~9장이고, 꽃잎보다 좀 더 길다. 열매는 탱글탱글한 별사탕처럼 생긴 것이 포실하게 송이 지어 달린다.

남보다 일찍 일어나 열심히 살아온 설련화는 딴 식물들이 이제 막 신록을 즐길 5월 즈음이면 홀연 송두리째 떨어져 버리고 휴면에 든다. 하긴 아름다운 죽음은 없다지. 암튼 한 걸음 빨리 왔다가 일찌감치 사그라지는 얼음새꽃이로다. 여름이 되면 고사하는 하고현상夏枯現象, summer depression 탓에 잎줄기는 쇠잔하고 지하부만 남는다.

일본에서는 사랑을 받는 식물이라 여러 관상용 품종이 개량됐다고 한다. 영근 종자를 화분이나 화단에 뿌리거나 포기나누기(분주分株)를 하여 번식시킨다. 그러나 들꽃을 옮겨 심으면 얼추 죽고 만다고 봐야 한다. 모름지기 야생화는 들에 살아야 제격인 것을……

복수초는 일출과 함께 꽃잎을 살포시 펼쳤다가 오후 3시쯤이면 꽃잎을 닫는다. 또 식물답지 않게 열을 내어 잔설을 녹이기에 '난로 식물'이란 별명도 얻었다. 그런데 날벌레가 나댈 리 만무한 그 추운 시절에 서둘러 용쓰며 꽃을 피우려 드는 까닭이 참 궁금하다. 아마도 곤충의 힘을 빌려 수분(꽃가루받이)하자는 것만이 목표가 아닐 터다. 분명코 잎 넓은 나무(활엽수) 밑에 살기에 넓은 잎을 펼쳐 짙은 그늘이 지기 전에 바삐 이른바 광합성을 실컷 하자는 속셈이리라. 또 암술과 수술을 한 꽃에 가진 양성화로 곤충들이 수분을 시키지만 자가수분도 한다.

그 예쁜 복수초에 맹독이 들어 있을 줄이야. 예쁜 장미에 고약스럽게 가시가 있듯이 말이지. 복수초는 아도니톡신^{adonitoxin}이나 유도화(협죽도夾竹桃)에 많은 시마린^{cymarin} 같은 독성 물질을 가진 독성 식물이다. 독도 잘 쓰면 약이 되는 법! 한방에서는 전초를 진통·강심·이뇨제로 쓴다.

복수초 말고도 꽃이 필 때면 식물체에서 열을 듬뿍 내는 가당찮은 식물들이 더러 있다. 확실하지는 않으나 식물이 내는 뜨뜻한 열은 꽃향기를 풍기게끔 하여 곤충들을 끌어들여 수분을 돕게 하고, 동해凍害를 예방하며, 다른 식물보다 빨리 발아, 움틈을 하기 위함이라 본다.

발열 식물을 대표하는 연꽃^{Nelumbo nucifera}은 기온이 10도인데도 불구하고 꽃잎 온도는 무려 30~35도라 한다. 이것은 냉혈동물인 꽃가루 매개자 곤충을 안으로 끌어들여 꽃가루받이를 하자고 그런 것으로 보인다. 신통방통한 일이다.

그리고 보통 발열하는 식물은 몸체가 크고 독성이 센 천남성과 식물들이다. 우리나라에도 나는 앉은부채^{Symplocarpus renifolius, skunk cabbage}나 남미산 덩굴성인 필로덴드론 셀로움^{Philodendron selloum}, 고기 썩는 냄새를 내는 죽은말칼라꽃^{Helicodiceros muscivorus}, 타이탄아룸^{Amorphophallus titanum}과 필리핀 등 동남아에 사는 메스꺼운 향을 내는 자이언트아룸^{A. paeoniifolius} 등이 있다.

사실 정온동물인 조류와 포유류를 제외한 다른 변온동물들이나 식물들은 하나같이 기온 변화에 따라 체온도 함께 변한다. 그런데 딱히 보잘것없는 식물인(?) 발열 식물들은 미토콘드리아의

연꽃

© TANAKA Juuyoh

세포호흡으로 열을 내는 것이 확실하다. 동물에서는 지방이나 당을 태워 열을 내지만 식물은 그 양이 너무 적어 불가능하고, 또 복잡한 신경계나 호르몬계가 없는데 어떻게 열을 내는지 도무지 설명할 수 없는 이상야릇한 일이라 한다. 그래서 지금껏 연꽃과 앉은부채를 주 대상으로 발열 연구가 진행 중이다. 분명 여기 이야기한 복수초도 연구할 가치가 있을 터이다.

중국인이 사랑하는 꽃 중의 왕

모란

김영랑金永郎(1903~1950) 시인의 「모란이 피기까지는」이라는 시는 고등학교 시절 국어 교과서에 실려 외우고 또 외웠다. 어린 마음에도 왜 그리 봄이 지는 것이 슬프고 애잔했던지……. 여기 다시 그 시구를 읊조려 본다.

"모란이 피기까지는 / 나는 아직 나의 봄을 기다리고 있을 테요 / 모란이 뚝뚝 떨어져 버린 날 / 나는 비로소 봄을 여읜 설움에 잠길 테요 (…) 모란이 피기까지는 / 나는 아직 기다리고 있을 테요 / 찬란한 슬픔의 봄을."

모란을 목단牧丹이라고도 한다. 화투장의 6월 목단 말이다. 지금쯤 해마다 피는 고향집 마당가 화단에 탱글탱글하게 물이 오르면서 한껏 옹근 모란 꽃망울이 흠씬 그 자태를 벌써 드러내기 시작

했으리라. 아린 겨울을
용케도 이겨 내고 그렇
게 잎보다 먼저 꽃망울
을 맺는다. 머잖아 넓적
한 새잎을 틔우면서 우
람하면서 곱디고운 꽃
을 대뜸 피우리라. 봄은
하루에 37미터 속도로
성큼성큼 북상 중!

© Karelj

모란

모란*Paeonia suffruticosa*

은 작약과의 잎 지는 떨기나무(낙엽 관목)로 키가 1~2미터 남짓이
고, 동네방네 집집마다 키우다시피 한다. 속명 '*Paeonia*'는 그리스
신화에서 '의술과 치유의 신'인 파에온^Paeon에서 따왔고, 종소명인
'*suffruticosa*'는 관목이란 뜻이다. 작약과의 식물에는 40여 종이
있고, 그중 30여 종이 식물성이며, 놀랍게도 중국에 현재 600 품종
이 더 있다고 한다. 그리고 모란같이 가을이면 잎이 죄 떨어지고
덩그러니 줄기는 남아 매해마다 자라는 목본이 있는가 하면 작약
芍藥, P. lactiflora처럼 겨울이면 줄기까지 다 시들어 말라 죽고 뿌리만
남는 식물성인 것이 있다. 또한 모란과 작약을 교배시켜 잡종을
얻는다.

잎자루에 5장의 잔잎이 붙은 겹잎이고, 잔잎은 달걀 모양으로
2~5개로 갈라진다. 잎 표면은 털이 없고, 뒷면은 잔털이 있어 흔

모란꽃
© Charvex

히 흰빛이 돈다. 성장이 매우 느리고, 나무껍질(목피)은 통통한 것이 검은 회색이며, 가지는 굵고 성기게 갈라진다. 모란은 중국 원산으로 가장 야생종에 가까운 종인데 중국에서는 하도 마구 캐어서 씨가 마를 지경이란다. 모란은 새 가지 끝에 흰색 또는 자줏빛이 도는 화사하고 우람찬 꽃 한 송이를 피운다. 꽃은 아침에 시작하여 정오에 절정에 다다르고 만질만질한 꽃은 며칠 가지 못해 얼른 이울고 만다. 가인박명佳人薄命이요, 화무십일홍花無十日紅이란 말이 딱 들어맞는다.

흐드러지게 핀 모란꽃은 참으로 웅장하고 화려한 것이 곱고 소담스럽다. 암술과 수술이 한 꽃에 피는 양성화로 지름이 15센티미터 이상이고, 꽃받침조각은 5개이며, 넓적한 꽃잎은 8개 이상이다. 샛노란 수술은 빼곡히 나고 암술은 2~6개다. 열매에는 황갈색의 짧은 털이 빽빽이 나고, 무르익으면 세로로 갈라지면서 탐스럽고 알찬 종자가 튀어나오며, 씨앗은 큰 것이 반들반들하고 둥글며 새까맣다. 번식은 종자 번식과 분주 번식이고, 비교적 추위에 잘 견디어 가꾸기에 그리 까다롭지 않은 편이다.

뿌리껍질은 목단피牧丹皮라 하여 한방에서는 소염·진통·두통·요통·건위·지혈 등에 쓰였다. 그리고 지금까지 262종의 화학 성분이 밝혀졌다 하며, 주된 화학 성분은 페오놀^{paeonol} · 페오놀라이드^{paeonolide} · 벤조산^{benzoic acid} 등으로 알츠하이머 · 항암(돌연변이) · 심근 경색 등에 관한 연구 결과가 한창 보고되는 중이다.

꽃은 개량종이 많아 빨강 · 노랑 · 보라 등 다종다양한 색깔을 가진다. 함경북도를 제외한 우리나라 전국에서 약초로 많이 심는데 언젠가 본 천여 평의 밭에 지천으로 골골이 피어 있는 모란꽃은 정말 장관이었다. 양지바른 곳이나 옅은 그늘, 중성이면서 물이 잘 빠지는 토양을 좋아하고, 수분 간수와 잡초 생김을 막기 위해 뿌리 덮개를 하면 좋다.

모란은 꽃이 화려하고 풍염하고 위엄과 품위를 갖춰 맵시롭다. 그래서 부귀화富貴花라고 하기도 하고, 또 화중왕花中王이라고 하기도 한다. 모란은 명예 · 부 · 권력과 함께 사랑과 애정을 상징한다. 또 한국 · 중국 · 일본 등 동양 삼국에서 모두 아끼는 꽃나무이다. 중국에서는 매화와 함께 중국을 상징하는 국장國章, national emblem 꽃이고, 일본에서 잉어와 함께 문신tattoo에 흔히 쓰인다. 우리나라에서도 왕비나 공주 옷에 모란 무늬가 들어갔으며, 가정집의 수 병풍에도 귀티 나는 모란이 빠질 수 없었다. 또 복스럽고 덕 있는 미인을 활짝 핀 모란꽃에 비유했다.

당태종이 신라와 협약을 맺기 위해 선덕여왕에게 모란꽃 그림 한 점과 모란 씨 석 되를 보냈는데 그림을 보고 여왕은 "꽃은 화려하다. 허나 꽃에 벌이 없으니 향기가 없겠구나"라고 말하였고, 나중에 핀 모란꽃은 실제로 향기가 없었다고 전해진다.

앞의 이야기를 곧이곧대로 듣고 필자도 한때 그런가 보다 여긴 적이 있다. 사람도 그렇듯 흔히 "예쁜 꽃엔 향기가 없다" 하지 않는가. 그러나 실은 그렇지 않다. 코를 모란꽃에 들이대고 냄새를 맡아 보면 그리 물씬 풍기지는 않지만 은은한 향이 돈다. 모란에는 벌들도 모여들지만 꽃물로 개미들이 늘 득실거린다. 어쨌거나 모란은 맵시 있는 향기로운 꽃임을 잊지 말자.

오랑캐의 머리채를 닮은 꿀주머니를 지닌 풀

제비꽃

필자의 자드락 밭둑 여기저기에도 제비꽃이 올망졸망 소담스럽게 피었으니 그들을 볼 때마다 봄이 무르익어 감을 느낀다. 제비꽃*Viola mandshurica*은 쌍떡잎식물, 제비꽃과의 여러해살이풀로 종소명인 *mandshurica*는 만주Manchuria에 어원이 있다. 대학 2학년 식물 분류학 시간에 남산제비꽃, 금강제비꽃, 알록제비꽃 하면서 식물 이름을 외웠던 것이 엊그제 같은데……. 이영노 은사님의 도타운 덕을 기리면서 이 글을 쓴다. 존사애제尊師愛弟를 되새기게 하는 분이셨다.

겨울 나러 강남에 갔던 제비가 돌아온다는 음력 3월 삼짇날 무렵에 꽃을 피운다고 '제비꽃', 꽃이 필 즈음에 오랑캐가 자주 쳐들어왔기 때문이라거나 꽃잎 뒤에 붙은 꿀주머니 생김새가 오랑캐의 머리채를 닮아서 '오랑캐꽃', 키가 작아 앉아 있는 것 같다고 '앉은뱅이꽃', 꽃반지를 만든 데서 '반지꽃', 병아리처럼 귀여워서 '병아리꽃'이라 부른다고 한다. 저명한 사람은 별명이 많다더니만.

제비꽃속 식물은 세계적으로 500~600종이 되고, 한국에도 40여 종이 자생한다고 한다. 알다시피 우리 주변에 많이 심어진 팬지pansy도 제비꽃 일종으로 북유럽 원산인 삼색제비꽃V. tricolor을 개량한 것이라 한다. 제비꽃은 동아시가 원산지로 한국·중국·일본·시베리아 동부·몽고 등지에 분포하고, 노란색·흰색·보라색 꽃이 주종을 이룬다.

제비꽃은 전국의 밭들이나 산자락에서 우북수북 나고, 양지나 반음지의 물 빠짐이 좋은 건땅에 잘 자란다. 식물체는 10센티미터 남짓 크기로 잎은 길이 3~6센티미터, 폭 1~2.5센티미터이고, 긴 타원형이며, 가장자리에 얕고 둔한 톱니가 있다. 또 진짜 줄기가 없고, 잎과 꽃대는 땅속 뿌리줄기에서 솟는다.

꽃은 4~5월에 잎 사이에서 꽃자루가 나 그 끝에 한 송이씩 달린다. 꽃 빛깔은 진보랏빛인데 'violet color(보라색)'이란 말은 'violet flower(제비꽃)'에서 딴 이름이라 한다. 5장의 커다란 꽃받침과 꽃잎이 있고, 꽃잎은 각각 2장씩 좌우대칭이며, 가운데 아래에 가장 넓고 둥근 잎 하나가 달렸다. 벌과 나비들이 날아 앉기 편하게 아래를 향하고 있으며, 꽃의 뒤쪽으로는 '오랑캐의 머리채'를 닮은 길쭉한 꿀샘이 든 꿀주머니가 튀어나와 있다. 보통 꽃잎은 진보라색이지만 사는 장소(환경)에 따라 가지각색이다. 타원형인 열매는 6~7월경에 익고, 말라 쪼개지면서 씨를 퍼뜨리며, 뿌리줄기나 종자로 번식한다.

제비꽃
© Alpsdake

제비꽃은 봄철에는 꽃을 피워서 곤충을 끌어들여 타가수정인 개화수정開花受精을 하지만 여름과 가을에는 꽃잎이 피지 않고, 곤충의 도움 없이 자가수정인 폐화수정閉花受精을 한다. 이렇게 꽃잎을 열지 않고 씨앗을 맺는 꽃을 '닫힌꽃(폐쇄화閉鎖花)'이라 하는데 건조·저온·빛의 부족 등의 비할 데 없는 악조건에 대한 적응 현상이다. 이런 폐쇄화는 제비꽃속말고도 괭이밥속, 물봉선속, 닭의장풀속 등에서도 발견된다.

그리고 제비꽃이 있는 곳에는 꼭 개미 떼가 옥시글댄다. 제비꽃과 개미는 서로 품 지고 갚으니 동식물이 서로 돕는 멋진 본보기다. 제비꽃 열매는 무르익으면 세 조각으로 쩍 벌어지는데, 열매 꼬투리가 마르면서 탁 터져 20~30개의 자잘하고 똥글똥글한 씨알을 멀리 수 미터까지 퉁긴다. 그런데 제비꽃 종자 한편 끝에는 개미들이 좋아하는 젤리 상태의 푸짐한 영양 덩어리인 엘라이오솜이 엉겨 붙어 있다.

그런데 요샌 알록달록한 꽃잎을 먹는 것이 유행이다. 우리가 어릴 적엔 아무리 주려도 진달래 꽃잎 정도만 따 먹었는데 말이지. 예부터 삼짇날에는 제비꽃 화전을 부쳐 먹었고, 제비꽃의 어린잎(순)은 나물로 데쳐 먹었다. 요새는 꽃잎으로 샐러드나 시럽을 만들거나 잘 말려 차로 마시고 또 뿌리는 삶아 잘게 썰어서 밥에 섞거나 갈아서 초를 만들어 먹기도 한다. 또한 꽃잎은 자주색 꽃물을 들이는 염료로도 사용하였고, 로마 여성들은 꽃 물감으로 눈 화장을 하기도 했다. 그리고 이오논^{ionone}이 있어서 향수의 원료로도 쓰인다.

한방에서는 전초를 해독·소염·지사·이뇨 등에 썼다고 한다. 잎으로 만든 차는 불면증에, 꽃잎에는 14가지가 넘는 안토시안^{anthocyan}(화청소花青素)이 있어서 항산화제로 좋다. 게다가 당뇨, 천식에 효과가 있고, 쿠마린^{coumarin} 성분이 많아 뼈엉성증(골다공증)에 좋다 하며, 앞으로도 여러 약제로 삼을 가능성이 있다.

이렇게 흔히 하잘것없는 잡풀 정도로 여기는 식물들에 보약/치료제인 생약 성분이 그득 들었다. 이렇듯 세상에 딱히 약이 안 되는 푸나무가 없으니 야생식물을 잘 가꾸고 보존해야 하는 까닭이 여기에 있다.

나라가 망할 때 돋아난 풀

망초

한낱 하찮은 잡초 이름에 한 나라의
흥망성쇠의 역사가 묻어 있다면? 국권을 일본에 넘겨준 경술국치
(1910년 8월 29일)를 전후하여, 전에 없었던 이상야릇한 잡풀이 전
국에 퍼지자, '나라가 망할 때 돋아난 풀'이라 하여 막말로 '망국
초亡國草', 또는 '망초亡草'라 불렀다 한다. 또 망초와 비스름하나 쪼
매하고, 못난 꼬락서니를 마뜩찮게 여겨 '개(犬)망초'라 이름 붙여
나라 잃은 서러움과 노여움을 애먼 푸새에다 퍼부었다.

망초*Erigeron canadensis/Conyza canadensis*는 국화과의 두해살이식물로
일명 '큰망초', '망풀', '잔꽃풀'이라 부르고, 북아메리카와 중앙아
메리카가 원산지인 귀화식물이다. 전국의 묵정밭·밭가 주변·길
가에 나고, 아시아·유럽·호주 등 온 세상에 널리 자생한다.

망초
© Rasbak

　그런 외래 식물이 붙박이 고유종을 위협할 정도가 되면 이를 침입종이라 하고, 그런 점에서 망초도 토종 식물을 거덜 내는 공격적인 축에 든다고 하겠다. 망초가 얼마나 검질기고 드센지 강력한 제초제인 글리포세이트glyphosate에도 저항력을 나타낸 첫 잡초로 사람을 딱 질리게 하는 만만찮은 들풀이다.

　우리나라 농촌, 도시를 가리지 않고 노는 땅(휴경지)에 나는 대표적인 풀이 망초-개망초 군집이다. 여름까지는 개망초가 날치다가 뒤따라 망초가 득세한다. 꽃도 개망초가 먼저 피고, 종 모양인 망초 꽃은 개망초보다 작다. 그래서 '잔꽃풀'이라 부른다.

　망초가 주로 농촌 지역에 난다면 개망초는 도시와 농촌 구별 없이 분포한다. 망초, 개망초는 모두 개화기에 들어온 아메리카의 신귀화식물新歸化植物로 미국에서 철도 건설용 침목을 수입해 올 때 함께 묻어왔을 것이라고 미루어 짐작한다. 그런데 개화기 이전에 이미 귀화한 종을 고귀화식물古歸化植物, 그 이후에 귀화한 종은 신귀화식물로 나눈다고 한다.

　또 최근에는 망초와 흡사하고 2미터 이상 크는 큰망초Conyza

*sumatrensis*와 보다 작은 실망초*Conyza bonariensis*가 이미 한반도 전역으로 줄곧 퍼져 나가는 중이라 하는데 이 둘은 남아메리카가 원산지라 한다.

망초는 2년생 식물로 한겨울에는 땅바닥(지면)에 납작 붙은 잎이 마치 장미꽃을 닮았다 하여 로제트형이라 한다. 뿌리에서 난 잎(근생엽根生葉)이 월동한 것인데 방석 모양으로 퍼져 자라다가 꽃이 필 무렵이면 어느새 감쪽같이 사라지고, 새 줄기에서 난 잎(경생엽莖生葉)이 기세 좋게 자라난다. 줄기 아래에 붙는 잎은 크고 넓지만 위로 올라갈수록 점차 작아지고 가늘어진다. 줄기는 곧추서고, 높이 50~150센티미터로 식물 전체에 직각으로 반듯하게 솟은 개출모開出毛, erect hair들이 보송보송 나 있다.

꽃은 두상화로 지름이 1센티미터 남짓인데 바깥 가장자리에는 하얀 불임성인 혀 닮은 설상화가 뺑 둘러나고, 가운데에는 암술과 수술 모두를 갖는 자잘하고 노란 중심화가 미어터지게 난다. 덧붙이면 같은 국화과 식물인 코스모스(살살이꽃) 꽃에서도 8개의 설상화(혀꽃)가 둘레를 에워싸는데 이는 씨를 맺지 못한다. 하지만 나비와 벌레를 불러들인다.

망초 열매는 10~11월에 무르익고, 씨앗은 갓털(관모)에 실려 멀리멀리 퍼진다. 망초를 보통 'Canadian fleabane'이라고도 하는데 이는 '벼룩flea에 독bane'이 되는 식물이란 뜻으로 실제로 망초가 벼룩을 몰아내는 데 효과가 있다고 한다. 망초는 약으로도 쓰이고, 초봄에는 잎을 뜯어 데쳐서 나물로 무쳐 먹는다.

망초 씨앗

이어서 개망초의 특성을 조금 보자. 개망초는 망초처럼 북아메리카가 원산지이고, 하얀 설상화가 쭉 둘러나고, 가운데 노랗게 볼록 솟아난 중심화들의 모습이 달걀 튀김(부침)과 비슷하다 하여 '계란꽃'이라고도 부른다. 또 일본에서 들어온 것이라고 '왜풀'이라 하며, 어린잎은 식용하고, 한방에서 감기·학질·위염·장염·설사 등에 쓴다.

개망초는 가장 낯익은 야생초로 키 30~50센티미터 정도인 신귀화식물종이다. 망초는 훤칠하게 곧추선 굵은 줄기와 넓적한 잎을 죽죽 뻗는 실한 풀인 반면에 개망초는 키도 작고, 줄기도 무척 강마르며, 자잘한 잎을 가진 좀팽이로 꽃송이가 크다는 것 빼고는 여러 면에서 망초에 적수가 되지 못한다. 하지만 천지로 눈부시게 하얀 소금밭처럼 무리 지어 핀 아름다운 꽃밭은 가히 장관이다!

개망초는 망초보다 한 보름 넘게 길길이 자라 일찍 꽃피우면서 초여름까지 판을 치다가 망초가 뒤이어 기세를 올리기 시작한다. 망초가 띄엄띄엄 나는 반면에 개망초는 무지무지하게 빽빽히 나고, 꼴에 전국 방방곡곡에서 숱하게 자라 풀숲을 이룬다. 한마디로 북새통을 이룬다.

오늘도 해 질 무렵의 산책길 가에서 한창 무더기로 핀 개망초 꽃 대궐을 만난다. 저놈의 '나라 망친 꽃'이란 고까운 생각이 왈칵 들다가도 되레 넌 귀화한 귀한 우리 꽃식물이다란 생각이 번쩍 든다. 고향이 따로 있나, 낯선 땅일지라도 정붙여 뿌리내리고 새 끼 치면 그곳이 고향이란 생각이다. '살아가면 고향'이라 하지 않았던가. 어머니 자연mother nature이 이 땅에서 살아가라고 품어 줬는데 우리가 무슨 말을 더 하겠는가.

찾아보기